ヤマケイ文庫

極北の動物誌

William O. Pruitt, Jr.　ウィリアム・プルーイット
Masae Iwamoto　岩本正恵・訳

Y. L.
Yamakei Library

ANIMALS OF THE NORTH

by

William O. Pruitt, Jr.

First Japanese edition published in 2002 by Shinchosha Company, Tokyo

Paper back edition published in 2022 by Yama-Kei Publishers Co., Ltd, Tokyo

Illustrations by William D. Berry

極北の動物誌　目次

刊行によせて

「極北の動物誌（原題 Animals of the North）」は極北の自然の中で暮らす動物たちの様子が、まるで私たちがその場で同じ体験をしているように感じられるほど、生き生きと描かれています。雪の下で過ごす小さなネズミの物語から、シカ類最大のムース（ヘラジカ）の物語まで。厳しい自然の中で生きる生命は、その一つ一つが密接に関わり合うことで成り立っていることが伝わってきます。星野道夫は生前この本を宝物のように大切にしていて、著書の中では「この本全体に流れている極北の匂いに、どれだけアラスカの自然への憧れをかきたてられただろう。」と書いています。

著者のウィリアム・プルーイットは北方の自然に憧れ、アラスカ大学でフィールド・バイオロジストの職に就きました。電気も水もない小屋で暮らしながら、さまざまな動物調査のため北極圏へと出かけていき、カリブーの季節移動の調査では、その一年のほとんどを、北極圏でカリブーと共に旅をして過ごしたといいます。ビル（ウィリアムの愛称）は生物学者というより、ナチュラリストであり、旅人だったと、星野は著書の中で書いています。ビルの旧友であり、アラスカのパイオニア時代を生き、アラスカの自然に対し大きく貢献したシリア・ハンターは彼のことを「アラスカの自然に誰よりも魅了されていた。そして極北の生態学に関して彼の右に出るものはいなかったと思う。」と回想しています。

ビルはアラスカにおけるアメリカの核実験場開発計画「プロジェクト・チェリオット」を環境調査によって阻止し、そのためにアメリカを追われることになりました。（詳細は星野の著書『ノーザンライツ』（新潮社刊）に書かれています。）後年星野は、カナダの大学で動物学の教授となっていたビルの元を訪れています。長い間会えなかった古い友人に積もる話を聞いてもらうように、これまでの自分の旅をビルに話し、お互いにどれだけ極北の自然に魅かれているか、を説明する必要のない人に巡り会えた嬉しさを感じたといいます。

本書の最初に登場する“*Traveling tree*”の物語に特に心魅かれていた星野は、エッセイ集『旅をする木』（文藝春秋刊）の中で本書のことを書いています。それを読んだ星野の長年の友人であり絵本コーディネーターの青木久子さんより星野に、“*Traveling tree*"の文章と星野の写真で絵本を作る提案がありました。本人も「それはビルがとても喜ぶ」と嬉しかったようで、その本のためにトウヒの写真を撮り始めていました。残念ながらその夢は叶いませんでしたが、松家仁之さん（当時は新潮社出版部、現在は作家）を始め何人もの方々も「Animals of the North」を日本で出版する願いを温めていて下さり、二〇〇二年に『極北の動物誌』として新潮社より刊行されました。その後月日が流れ絶版となっていましたが、この度、山と溪谷社の岡山泰史さんより文庫として復刊のお話をいただき、心より嬉しく思っています。

本書がこの時期に復刊となったことにとても意味があるように感じています。二〇二一年六月、今まで四十年以上もの間開発か保護かと論争が続いていた北極圏野生生物保護区での開発が、バイデン政権の元で一時停止することが決まりました。環境に与える影響を詳しく調査するためです。この地域はカリブー、グリズリー、ホッキョクグマ、オオカミ、ジャコウウシなど多種多様な動物たちのすみかであり、さまざまな渡り鳥が巣づくりする場所でもあります。星野もカリブーの撮影で何度も訪れた場所です。そしてこの場所がどれほど貴重なのかを何度か著書の中でも触れていて、開発されずに保たれることを願っていました。もしも開発が始まってしまったら、野生動物や植物だけでなく、狩猟で生きている人々にとっても大きな影響が起こることは避けられません。

極北の動物・植物は、自然環境の中でそれぞれが互いに関わり合い、バランスを保ちながら生命を繋いでいることを知ることによって、私たち人類も同じ地球に生かされているものの一部であり、私たちの行動が地球の未来につながることに思いを巡らすきっかけになりましたら幸いです。

二〇二一年十月　星野直子

＊本書の表記は時代背景に鑑み、原著発表時の表現に従っている。

プロローグ

少年ならだれでも、大いなる極北の森の暮らしを夢見ることだろう。温帯の田舎に住んでいるならなおさらだ。大衆文学では、タイガと呼ばれる極北の森の風景は、狩猟物語、冒険譚、あるいは観光用の宣伝文句として描かれている——ムースやカリブーやグリズリーがあふれんばかりに棲んでいる土地。はぐれ者でも、ミンクやテンやホッキョクギツネなど高価な毛皮のとれる動物をしとめれば、たちまち大金持ちになれる土地。

だが、これは真実とはかぎりなくかけ離れている。実際には、単位面積当たりの食肉生産量で見ると、タイガは非常に貧しい。しかも貧しいだけでなく、タイガの動植物は乱開発に抵抗する力がきわめて乏しい。

太陽は、動植物すべての生命が依存する究極の要素だ。太陽エネルギーは熱と光というふたつの形態をとる。熱帯がこのエネルギーを受ける量は温帯よりも多く、極地よりもはるかに多い。その結果、単位面積当たりの生物密度は、熱帯がもっとも高く、極地がもっとも低い。もちろん生物といっても、単位空間に存在する生物の量を重量で表わした生物体量（バイオマス）が同じであるかぎり、ネズミ千匹ということもあればムース一頭ということもあるだろう。

熱帯雨林では、利用可能なエネルギーは信じられないほど多種多様な動物のあいだで分配される。温帯の森は熱帯よりも動物の種類が少なく、極北の森ではさらに少ない。

太陽エネルギーにはさまざまな働きがあるが、なかでももっとも重要な働きのひとつが、植物の生命を――葉、茎、花、実を――作ることだ。植物は草食動物に食べられて、太陽エネルギーの一部が肉に変換される。草食動物は肉食動物に食べられ、それによって最初の太陽エネルギーが肉食動物にも分配される。この太陽エネルギーの移転を「食物連鎖」と呼ぶ。自然界ではたくさんの食物連鎖が組みあわさって「食物網」を形成している。熱帯では、多種多様な動物が莫大な数で存在するため、食物網は信じられないほど複雑だ。北に行くにしたがって食物網は単純になり、北極・亜北極地方では、草食哺乳類二、三種、肉食哺乳類一、二種、腐食動物一、二種で構成されている。

このシステム全体を、専門用語で「生態系（エコシステム）」と呼ぶ。生態系の視点から世界を見るようになると、生きものすべてが密接に結びついていることが理解しやすくなる。同時に、熱帯や温帯の生態系にくらべて、極北の生態系の生産力が低い理由もわかる。エネルギーのインプットが少なければ、植物のアウトプットは少ない。植物のインプットが少なければ、動物のアウトプットも少ないのである。

比較的丈夫な落葉樹林とくらべると、このような生態系はもろいといえる。冬のタイガの凍《い》てつく夜や、凍結したタイガの川の氷が春になって割れ、巨大な氷のかたまりがぶつかりあい、きしみ、轟音をとどろかせるようすしか目にしたことがなければ、「もろい」といっても想像しにくいかもしれない。けれどもまさに、その圧倒的な力に満ちた環境のせいで、極北の生態系はもろいのである。

それがもし真実なら、あふれんばかりに獲物のいる極北の森の物語は、どこから生まれたのだろうか。おそらく極北の森を見た人（そしてのちに物語を語った人）のほとんどは、温帯から――人間が長いあいだ暮らしてきたせいで荒廃した土地から――来たのだろう。おそらく巧みな語り手は北米東部（あるいは西ヨーロッパ）出身だったのだろう。エルクははるかむかしに姿を消し、ウッドランドバイソンは記憶にすらなく、野生の有蹄類といえば小さなオジロシカしかいない土地だ。そのような人間がムースに出くわしたら、しかもふたごの一年子を連れたメスだったら、ひづめの上にそびえる巨大な肉のかたまりに圧倒されても不思議はない。初期のわな猟師が春になって良質の毛皮を大量に持ち帰り、自慢話をしたとしても、脚注はついていなかったはずだ。彼のわな道のあたりは、これまでおそらく白人の手が触れたことのない場所であり、抜群の成果を上げた彼の猟の影響からその一帯が回復するには、まちがいなく長い年月がかかることは語られなかったのである。

わたしと妻は一九五三年に北の地に移住したが、そのときはまだ、このようなタイガの生命に関する事実に明確に気づいてはいなかった。フェアバンクスやイエローナイフなどの北の町に暮らす平均的な市民には――夏には蚊と戦い、冬には車が凍てつくタイガに負けないように苦闘する男には――もろい生態系などという考えは冗談としか思えないだろう。わたしがこの概念をはっきり認識するようになったのは、数年にわたってムース群のサンプル調査を行い、植物を数え、トウヒの切り株の年輪を数えてからのことだ。カナダ、サスカチュワン州北部で、カリブーの越冬地がどこまでもつづく焼け野原と化しているのを目にしたとき、その概念に鋭く焦点が合ったのである。一九五九年にアラスカがアメリカ合衆国の州になって以来、乱開発は急増しており、タイガの生態系のもろさがより一層明白になっている。

タイガの生態系のメカニズムを理解しはじめてからは、タイガにおける現代人の行動のほとんどが、温帯の伝統と技術から亜北極を推論するという、過ちに根ざした原理に基づいていることも見えてきた。古びたホームステッド法（五年間開拓に従事する者には百六十エーカーの土地を無償で与えるという一八六二年に定められたアメリカ合衆国の法律）をアラスカ内陸部に適用した末のあわれな結末や、カナダのタイガで探鉱と乱開発が野放しで行われた結果、連鎖的に発生した災害をわたしたちは目のあたりにした。このような誤った解釈の根底には、むかしながらの単純な自然科学の知識が欠如していることがある。温帯では、生物相（ある地方に生息する動植物の種類と組成）に関するデータが数百年にわたって蓄積されている。現代のわたしたちは、その蓄積に基づいてさらに先の研究を進めることができる。けれどもタイガには、この基本情報の蓄積がない。このため、ヤチネズミについては、体温調節や血液学など近年明らかになったかなりの知識がある一方で、生殖パターンや個体数の周期的増減や巣や自然界における寿命など基本的な生物学的特徴に関する情報はいまだに十分ではない。

タイガには、教育、実習の場としての潜在的な可能性がある。北米ではほとんど考慮されたことがないが、これは重要な一面だ。ここ極北の森では、物理的要因が生物におよぼす直接的な影響を見ることができるし、単純な食物網を分析して、構成する食物連鎖を観察することができるし、光の季節変化の影響をじかに見て体験することができる。数々の生態系の原理が絵のようにはっきり示されているのである。タイガには科学の基本概念がむきだしのまま転がっており、生態学を学ぶ者の理解を助けるはずだ。この教育、実習の場としての役割は、人間によるもっとも重要なタイガ利用法になるかもしれない。過密と汚染に悩む未来の世界では、生態学の重要性はますます高まり、人間が生きのびるための中心的な柱になるだろう。今日、内陸にある大学が博士課程の大学院生に臨海施設での実習を義務づけているように、温帯にある大学がタイガの生物学研究施設での実習を学生に義務づける日が来ることをわたしは夢見ている。だが、すでに時間切れだ。北米のタイガにはもう、教育、実晋の場どころか、乱開発の手がおよんでいない、生物学の基礎研究専用に使える場所すら、どこにも残っていない。

本書では、わたしたち自身がハタネズミのトンネルに入り、アカリスとトウヒが分かちがたく共生しているようすを探り、オオヤマネコと一緒にノウサギのとおり道をそっとたどってみようと思う。タイガの世界を、動物たち自身の感覚を通して経験し、味わってみよう。そのような体験こそ、今後行われなければならない徹底的な生態学研究に欠かせない前提条件であることを、わたしは固く信じている。

旅をする木

アラスカを蛇行して流れるチェナ川は凍結し、外側の高い川岸から九十メートルほど離れたところに堂々たるシロトウヒが生えていた。季節は三月半ば。太陽は空高く弧を描いた。亜北極の長い冬は終わりを告げ、ときおり強い風がうなるようにタイガを吹きぬけた。風を受けてトウヒの先端が揺れ、どの木も上半分の雪は落ちていた。だが、下の枝は雪に厚く覆われ、その重みで低くたわんでいた。トウヒの大木の先端にはびっしり球果がつき、イスラム教寺院の尖塔のように林床高くそびえていた。垂れさがる球果は紫色を帯び、濃い青緑色の松葉が、淡青色の空とまばゆく輝く白い雪に映えた。

トウヒの先端めがけて、ナキイスカの群れが大きく弧を描いて飛んできた。イスカは足とくちばしを使って枝のあいだを慎重に歩きまわり、その姿は小型のオウムを思わせた。イスカは独特の交差したくちばしで球果の殻を割り、長い舌を使って実をひっぱりだした。イスカの食べかたはむだが多く、球果は折れて枝にぶつかりながら落下し、種子がこぼれて雪の上に散らばった。

ひと粒の種子が、たまたま雪上のウサギの足跡に落ちた。足跡の縁にぶつかった拍子に雪の結晶が飛び散り、小さな雪崩《なだれ》のように種子にかぶさった。ほかの種子はむきだしのまま雪上に散らばり、ほどなくベニヒワが見つけてついばんだ。

季節は進み、日増しに暖かくなった。地上の雪は締まって固くなり、積雪はしだいに縮まって、やがてすっかり消えた。種子は林床を覆うイワダレゴケの隙間にひょっこり入りこんだ。湿った酸性腐植（寒冷地の針葉樹林などに見られる、半分解のまま地表に堆積する土壌有機物）のなかで種皮が柔らかくなった。やがて地面が十分に暖まると、種子は発芽して小さな針状の若芽を出した。

季節とともに芽は生長し、主茎はまっすぐに伸びて、年々新しい枝がらせん状に加わった。やがて親木の生命力は衰え、枝は細り、木陰が減少した。より多くの日光が林床に届くようになり、地面の温度は上昇し、芽の生長は活発になった。芽は若木に生長した。

大陸の遠い端で、ひとつの国家が生まれた。新しい国が生きるための戦いをつづけているあいだ、成木となった若木はさらに高く生長し、細長い円錐状の樹形をなした。

幹は上へ上へと伸びたが、根は永久凍土にはばまれて地中深くもぐることはできなかった。根は横方向に広がり、地表のすぐ下、コケと永久凍土のあいだの狭い隙間に、薄く緊密なマットを張りめぐらせた。

幹の根元は太くなり、それを支えるように板根《ばんこん》が発達した。樹皮は灰褐色で、細かくひび割れていた。樹皮の割れ目や傷からは、粘りけのある樹脂の滴がにじみ出て、ざらざらした灰色のかたまりとなって傷を覆った。のちに「トウヒ樹脂」として知られるようになるこの樹脂は、遠くまで匂う独特の刺激臭があり、これを嫌った木こりたちは、シロトウヒを「悪臭トウヒ」と呼ぶようになった。幹は林床高く生長し、その先端には枝がつぎつぎに生えた。生長した枝はねじれて垂れさがり、やがて針に覆われた動物の前足のような小枝を生じた。針葉は小枝を覆うように突き出し、触れるととげのようにちくりとした。枝先に垂れた小枝は、ふさ飾りのように揺れた。生きている枝の下には、枯れて乾いた枝の残骸が残っていた。トウヒは落葉樹と違っていっせいに落葉することはないが、不要になった葉はたえず小雨のように落下し、木の下の林床に積もった。このため枝の広がりの内側にはイワダレゴケも地衣類も生えなかった。幹の根元には茶色い柔らかなマットが丸く広がり、緑色と灰色からなる林床とはっきり区別できた。

球果は若い枝に生じ、木の最上部三メートルほどに生える小枝から垂れさがった。球果の数は気温、降雨量、樹齢の複雑な相互作用によって決まるため、年ごとに大きく変化した。

球果中の種子は、親木がそうであったように、イスカの群れや何世代ものアカリスの餌《えさ》になった。カナダカケス、ルビーキクイタダキ、ツグミ類がつぎつぎと木に巣を作り、網状に交差する枝でひなを育てた。小さなキンメフクロウは何世代にもわたってこの木をねぐらにした。彼らはこの木で休み、食物を消化した。フクロウはハタネズミやトガリネズミを餌にしており、消化されなかった骨や毛はかたまりとなって吐き戻されて、木の根元に積もった。

木は年々生長した。大陸の端に生まれた国家はしだいに大きくなり、強欲な指を西へ北へ伸ばした。チェナ川は変わらぬ澄んだ流れをたたえていた。まだ鉱脈を探す山師が分水嶺《ぶんすいれい》を焼き払うことはなく、鉱山が流れにシルト（水によって運ばれて沈積した、砂と粘土の中間の大きさの砕屑物）を吐きだすこともなかった。川は年々氾濫原《はんらんげん》を移動し、蛇行のカーブはしだいにトウヒに近づいた。ついにカーブは枯れ葉のマットの端に達し、木は川岸ぎりぎりにそびえるようになった。

ある年の冬、例年にない大雪が降った。白人がこの流域にやってくる直前のことだった。春までに積雪は一・五メートルに達した。春の訪れは遅く、冷えこんで曇りがちだった。積雪はいつまでも消えなかった。ある日、急に暖かな陽気が訪れて、数日つづいた。空高く昇った太陽が強く照りつけ、地面を覆う雪は急速に減少した。

雪解け水は小川になって丘を下り、やがて大きな幅広い流れになって凍った川に注ぎこみ、水の縁を削った。川面の氷は水に浮かぼうとしてきしんで震えた。

雪解けは加速し、地表を流れる水も増えた。氷はひび割れ、動き、砕けた。凍結していた川が動きだし、轟音がとどろいた。氷のかたまりはぶつかりあい、はじかれて裏返り、粉々に砕けた。氷のかたまりは強烈な力で川岸に押しつけられ、土に深くめり込んだ。一瞬、氷塊が押しあって停滞した。氷は鋭い音をたてて重なりあい、上方にせり上がって氷丘脈を形成した。停滞が解消すると、氷丘脈は下流へ移動した。

氷塊がトウヒの根元に激突し、樹皮を細長くはぎとった。トラックほどもある別の氷盤が最初の氷塊に乗りあげ、トウヒにぶつかった。太い幹はびくともしなかったが、川岸をえぐる激しい流れのせいで土壌をつかむ力が弱まっていた根は、ちぎれはじめた。幹は震え、揺らぎ、傾いた。根はすさまじい音とともに地面から抜けた。根が砕けて弾ける音は、激しくもみあう氷の音にかき消された。トウヒは氷塊がぶつかりあう川に倒れこんだ。

大人の男のふとももほどある枝がもぎとられた。幹はもまれて回転し、六メートトもある樹皮が空中を舞った。一キロほど下っただけで、かつての大木は、ねじれた太い根からなる大きく平たいかたまりと、そこから突きだす長さ十二メートルの滑らかな一本の柱に姿を変えた。

木は、あるときは巨大な旗ざおのように空中に突きあげられた。あるときは激しくぶつかりあう氷の下に沈んだ。川は流れつづけ、のちにバーネット船長の商船が座礁して、フェアバンクスの町になる場所を通りすぎた。

そこからさほど遠くない地点で、チェナ川の氷はより大きなタナナ川に押しだされた。氷塊が停滞し、氷丘脈が生じた。木はその上に持ちあげられた。木は氷丘脈から転げ落ち、川岸近くの地面に静止した。

その後発生した氷丘脈や氷塊の流れには木を動かすだけの力はなく、木はそのままそこにとどまった。氷はさらに下流へ向かい、やがて海に至った。岸に打ちあげられた氷塊は解けた。夏が訪れた。

歳月が流れ、そのあいだに小規模な氾濫であふれた水がねじれた根を洗うことはあったが、木が浮かぶほどの深さには至らなかった。

ある年の春、やはり例年にない大雪の降った長い冬のあとで、タナナ川が氾濫した。根を覆っていた砂が洗い流された。木は水に浮かび、下流へ移動した。

木は半分水に沈んだまま川を漂い、ときおり重たそうに回転した。木は初めて人間の目にとまり、「掃海艇」とあだ名されて、どの船も大きくよけて航行した。

タナナ川はさらに大きな川に注ぎこんだ。北米大陸北西部の生命線、ユーコン川である。木は何本ものほかの木と合流した。どれもみな、かつてはペリー、ルイス、ドンジェック、シーンジェック、シャンダラー、ポーキュパイン川の川岸にそびえていた木だ。流れは速く、水中に浮遊するシルトのせいで濁っていた――人々はその水を評して「泳ぐには重すぎるが、耕すには薄すぎる」と言った。

海に至る旅は数年かかった。ときには砂州に乗りあげ、翌年の春に川が増水するまで動けないこともあった。秋には氷に閉じこめられ、春になってようやく解放された。

もはや川岸には、川面にせりだすように茂るトウヒは生えていなかった。木は川の流れとともに樹林限界を過ぎ、地平線までつづく広く開けたツンドラ地帯に入った。川岸はしだいに平らになり、木は海岸に向かって流れつづけた。

片側の川岸が消滅し、やがてもう片側も消滅した。前方にはベーリング海が広がっていた。灰色にうねる海は特有の雲に覆われていた。「煙る海」と呼ばれるゆえんである。ユーコンから流れこむシルトを多量に含む水は、河口付近に巨大なしみを作った。ユーコンの運んできた「荷物」がほどけるには数日かかるため、木はまだ真水に浮かんでいた。やがて水は塩気を帯びはじめ、海水に変わった。塩化物、燐酸塩、マンガン酸塩が木に浸透し、木の細胞に沈積しはじめた。裂け目や割れ目に藻の断片が入りこみ、生長した。木のまわりには小さな海洋性プランクトンと甲殻類が集まった。餌となる小さな甲殻類を狙って、大きな甲殻類がやってきた。

ある日、巨大なかたまりが木のそばを力強く通りすぎた。一頭のコククジラが舌を押しあげ、口に垂れさがるクジラヒゲの隙間から水を吐きだし、濾《こ》しとった数百匹の甲殻類を飲みこんだ。クジラは小さく旋回し、ふたたびオキアミの群れをかきわけるように進んだ。体長十二メートルのかたまりは、木のそばを通りすぎるときにねじれた根の残骸に接触した。かつて遠いアラスカ内陸部で土の栄養を吸いあげていた根は、数本の浅く平行な筋をクジラの黒い皮膚に刻みつけた。コククジラはバハカリフォルニアの暖かく浅いラグーンで冬を過ごしたあと、北へ移動してきたところだった。根の一部が水面から突きだしていた。一羽のシロカモメが舞いおりて、根に止まった。カモメははばたいて飛びたつと、クジラヒゲで傷ついた甲殻類を数匹、水中からついばんだ。

木は海流に乗って漂った。海岸に沿っておおよそ北の方角に進み、ときおり北風のもたらす暴風雨に巻きこまれた。

秋になり、やがて冬になった。海氷に閉じこめられた木は、氷塊どうしをつなぐ固定材の役割を果たした。ベーリング海は轟音をとどろかせて荒れ、氷盤を激しく揺さぶったが、木は無傷のまま冬を越した。

春になり、氷が解けると、まもなく強烈な南風とともにひときわ大きな高波が訪れた。木は大きく揺れる波に乗って漂った。波はやがてうねりとなり、激しく打ちつける大波になった。波は上げ潮に持ちあげられて海岸をのみこむように打ちつけ、低い断崖に砕けた。高潮と打ちつける波の力が合わさって、巨大な幹と根は波のおよぶ沿岸帯を越えて海岸に打ち上げられた。根は海岸に埋まり、木のかたまりは左右に揺れて海岸の砂利をかきまぜた。大きな波が木を持ちあげ、根が断崖の端に引っかかった。木のかたまりはそのままバランスを保った。数分後、木はふたたび大波に揺さぶられ、ツンドラの草木の上に重たく転がった。木は数年ぶりに完全に水の外に出た。

夏が過ぎ、木のかたまりは徐々に乾いた。表面は色あせて柔らかな銀灰色になった。北極圏の夜はしだいに長くなっていった。霜がツンドラを黄色と赤に変えた。雪が風に吹かれて舞いあがり、渦巻き、吹きよせられて、幹と根の残骸の入り組んだ表面に積もった。

ツンドラにどっしりと転がる木は、数キロ先からでもよく見えた。まもなく一頭のホッキョクギツネが木を見つけ、なわばりを示すために匂いづけをした。キツネはたびたびやってきて、鮮やかなオレンジ色の尿を数摘、雪の吹きだまりにふりまいた。

雪上に残された尿の跡は、海岸沿いを犬ぞりで旅していた若いエスキモーの目にとまった。エスキモーは木のそばにわなをしかけ、薄い板状の雪塊で巧妙に隠した。キツネはわなにかかった。エスキモーは、つぎに通ったときにキツネをはずし、わなをしかけなおした。

開けたツンドラに転がる木はよく目立ったので、つぎにこのだれもいないなわばりに侵入したキツネも、匂いづけの目印にした。このキツネもわなにかかった。冬のあいだに、五頭のホッキョクギツネが死にひきよせられた。どのキツネも、打ちあげられた大木を匂いづけの目印にしていた。

翌年も、それから何年も、冬になると猟師はそこにわなをしかけ、毎回のようにキツネを捕った。木は彼のわな場として知られるようになった。毛足の長い毛皮が高値で売れた時代のことである。わな場のおかげで、猟師とその家族は、長年にわたって小麦粉や砂糖や乾パンをたっぷり手に入れることができた。

そこにわなをしかける者はほかにはいなかった。「自由企業」という攻撃的な概念に文化が蝕《むしば》まれるまでは、わな道はエスキモーにとって神聖な財産だった。やがて猟師は年老い、毛皮は価格が暴落した。もう彼がわなをしかけることはなかった。それでもみな、彼のわな道をけっして忘れなかった。

やがて猟師は死に、ある若者が匂いづけの木を切って材木にしたいと言いだして、話しあいが開かれた。それは周辺の環境を育んできた場所を破壊することにつながるだろう。長い話しあいの末に、ようやく長老会は結論を出した。木を切りわけることは許可する。ただし、木の一部を残すことが条件だ。そうすれば雪が吹きだまるし、キツネの匂いづけの目印にもなるだろう。現実には毛皮の価格はあまりに安く、わなをしかけてキツネを捕っても金にはならなかった。だが、いつまた価格が上昇するともかぎらない。北極圏では、先々のことを考える者だけが生きのびられるのである。

若者は木のところに出かけてゆき、仲間の手を借りて、のこぎりで木を切りわけた。なめらかでみごとな幹は、新しい家を造る最高の材木になった。根元の幾本にも分岐した板根は、縦に注意深く切りわけた。自然にカーブした木目を利用してウミヤック（木の枠組みに海獣の毛皮を張った小舟）の骨組みに用いれば、舳先《へさき》や船尾の強靱な柱になるはずだ。その骨組みにセイウチの皮を張れば、たくさんのホッキョククジラをしとめられるだろう。木の節やこぶはていねいに切りとられた。こぶには半球形の木目があり、ミリックと呼ばれる刃のカーブした男性用のナイフで細工すれば、ツンドラベリーの実を採るい杓子《しやくし》になるだろう。

かつて亜北極のタイガに高くそびえていたトウヒの大木は、いまやこぶだらけのねじれた根のかたまりが残るだけになった。若者とその仲間は、根のかたまりの角を地面に突きたてた。こうすれば木はふたたびツンドラのよく目立つ目印になり、ホッキョクギツネの匂いづけの場として役割を果たしつづけるだろう。

トウヒは姿を変え、人間が幾世代移りかわっても存在しつづけるだろう。匂いづけの目印として、家の材木として、ウミヤックの骨組みとして、木の実を採る杓子として。いつの日か根のかたまりは腐るだろう。家の材木も、ウミヤックの骨組みも、そのほかのものも、いつかはたきぎとして燃やされるだろう。炭素、水素、水、そのほか木を構成していた物質は大気に放出され、やがてふたたび結合して、いつの日かトウヒの若木として甦《よみがえ》るかもしれない。

タイガの番人

アラスカの亜北極帯を流れるタナナ川の北に、低い山地があった。旅をする木が生えていた地点からさほど遠くないところである。そのむかし、トウヒは川に倒れこみ、割れはじめた氷にもまれながらこの山なみの向こうに運ばれていった。斜面は急だったが、南の地平線にそびえるアラスカ山脈にくらべれば、山とは呼べないほどの高さだった。北側の山すそはゴールドストリーム・クリークの谷間に張りだしていた。そこには木こりも入らず、山火事にも見舞われたことのない小さな森があった。この森は、もはや北米大陸にはほとんど残っていない、トウヒ中心の本物の亜北極のタイガだった。森にはシロトウヒとシラカバが茂り、ところどころにバルサムポプラが混じっていた。円錐形のトウヒはまっすぐにそびえ、高さおよそ二十五メートル、幹の直径は五十センチから七十五センチほどあった。枝は林床のはるか上に茂り、ねじれて垂れさがっていた。シラカバの枝は、すらりと白い中央の幹から大きく広がっていた。ポプラはどっしり高くそびえ、枝は最上部にだけ広がり、鈍い灰色をした分厚い樹皮には縦に深い溝が刻まれていた。林床はイワダレゴケに厚く覆われて柔らかく、ところどころに銀白色の地衣類と濃緑色のコケモモが群生していた。植物の織りなすマットがハンモックのように地表を覆い、その下には腐敗のさまざまな段階にある倒木や枯れ枝が乱雑に積みかさなっていた。

シロトウヒの成木は生態系の基盤であり、タイガのコミュニティ全体がそこから広がっている。あるトウヒは一七四一年に発芽しているが、これは博物学者ゲオルク・ヴィルヘルム・シュテラーが、ロシアの女帝アンナ・イヴァノヴナの命を受け、カヤック島に上陸してアラスカを発見した年である。幹の直径は人間の胸の高さで約七十センチ。生長をつづける幹の先端は地上二十四メートルに達した。

トウヒの輪郭は、ピラミッドを大きく引きのばしたような円錐形をしており、周囲の木と接触するのは下部の枝だけだった。このため、球形や壺形の樹木からなる落葉樹林、たとえばオークとヒッコリーの森やブナとカエデの森の林冠（森林で高木の上部の枝葉が重なりあって広がっている部分）と、トウヒの森の林冠は根本的に異なる。

地上はるか高く、針葉が密生する小枝に、体重二百五十グラムほどの小動物が上の枝から垂れさがる球果に囲まれて座っていた。タイガの番人、アカリスだ。アカリスは齧歯類《げっし》に属する哺乳動物だが、多くの点で鳥に似ていた――たえずそわそわ動きまわる行動、目のくらむような高さの樹上で敏捷に動く能力、鮮やかな色の体毛とふさふさの尾。なによりも周囲の世界を察知するのに視覚に頼っている点が鳥とよく似ていた。

アカリスの敏捷な動きは、筋肉質のしなやかな体と、鋭いかぎ爪と、驚異的な平衡感覚から生まれる。アカリスは幹を激しくひっかいて樹皮のくずをまき散らしながら、頻繁にトウヒの幹をまっさかさまに駆けおり、途中でくるりと向きを変え、大急ぎで駆けあがると、地上十五メールの高さで揺れる枝をあわてて走りぬけ、両足と尾を大きく広げて体を放りだすようにジャンプし、二メートルほど離れた隣の木にとび移った。ばねのように上下する小枝を幹に向かってダッシュし、木のてっぺんまで駆けあがると、自分がその木に来たことをよく通る騒がしい声で告げた。その声は周囲の木々の上に響きわたった。

視覚と平衡感覚が発達しているアカリスは、周囲で起きていることをすべて正確に察知できた。リスの目にとまらないものはまずなかった。遠い地平線を飛ぶワタリガラスも、はるか下で跳るキツネも見逃さなかった。危険を知らせ、警戒を告げるリス

の声が、しばしばタイガじゅうで炸裂した。ムースなどの哺乳動物は、リスの声に反応することで自分たちの知覚能力を補った。

アカリスはタイガをやみくもに移動するわけではなく、それぞれが明確に区切られた行動圏のなかで暮らしていた。あるリスの行動圏は、トウヒの成木三十本、シラカバ九本、ポプラの大木一本にまたがっていた。さらに折れたトウヒの残骸が六つあった。枝に積もった〈クウェリ〉と呼ばれる雪の重みで、成木が地上十二メートルほどの高さで折れたものだ。

行動圏の広さを平方メートルの単位で測るのは意味がない。なぜならリスの行動圏は三次元にわたっているからだ。林床だけでなく、木の幹や樹皮や枝も行動圏の重要な一部だった。リスの行動圏は、餌を食べる台と、休息する巣と、移動路が組みあわさった三次元の格子からできていた。移動路は木から木へつながっていることもあれば、寸断されていることもあり、その場合は大きくジャンプしてとび移らなければならなかった。網状に広がる行動圏の上には、トウヒの小枝が小塔のように突きだしていた。この突きだした部分に、主な食料源である球果が実った。行動圏の最下部は林床とその下におよんでいた。コケの上には通路網が張りめぐらされ、食べかすが堆積した山の下や内部にはトンネルの迷路が広がっていた。

亜北極のタイガに棲むアカリスが作る堆積物の山は、南のロッキー山脈に棲む仲間たちほど巨大ではなかった。たとえばこのアカリスの堆積物の山は、長さ六メートル、幅四メートル、深さ一メートルほどだった。この行動圏には長い年月のあいだに何代ものリスが暮らしてきたが、どのリスもとりわけ好んで餌を食べる場所があった。リスたちは球果から実をほじりだすと残りは捨てるので、餌を食べる台の周辺には球果の殻が堆積した小山ができた。積もった球果は岩石のバーミキュライトに似た粒状のかたまりになり、優れた断熱効果を発揮した。ある程度まで積もると、分厚くなった堆積物の山はその下の地表の温度に影響を与え、リスはその奥深くに巣穴を掘るようになった。堆積物の山は年々大きくなり、内部には複雑なトンネル網が張りめぐらされ、巣穴は暖かく快適になった。

九月、シラカバの葉は黄金色に輝き、トウヒの球果は深い赤紫色に熟した。昼間の世界は鮮やかに光りかがやき、夜は乾燥して冷えこむようになった。アカリスは日中は休むことなく活発に動きまわり、球果を採ったり、落としたり、騒いだり、跳ねまわったりしながら、枝から枝へ、その下の林床へと移動した。ときおりあわてて幹を駆けおり、騒がしいおしゃべりをはさみながら地面に落ちた球果を集め、堆積物の山の奥の貯蔵所に埋めた。そのまま行方不明になる球果もあった。球果が割れて、こぼれた種子がコケの上に出てくることもあった。種子のほとんどは腐ったが、まれに発芽して、苗木から若木へ生長するものもあった。タイガは生長に時間がかかるので、これだけあれば十分再生できた。

球果を集めるあいまに、アカリスはときどき隣のリスとけんかした。隣接するなわばりとの境界をはっきりさせるためだ。さんざん鳴きわめき、追いかけあったあげく、ようやく境界線が――暫定的に――決まった。なわばり争いはきわめて真剣だ。なわばりを持ち、それを守ることはリスの習性の一部であり、特にアメリカアカリスの争いは独特で、毛の色や歯のエナメル層の模様と同じように、種の特徴にもなっている。なわばり争いがこれほど重要な意味を持つようになったのは、一匹ごとにすみずみまで熟知した行動圏を維持することが、個体として、種としての生存に欠かせなかったからである。

ある日、遠くで警戒の声があがった。アカリスは森の空き地に突きだした監視塔がわりの枝に急行した。警戒の声はやまず、ほかのリスたちによってくりかえされながらタイガを進んできた。アカリスは、なわばりの端の樹上でなにかがちらりと動くのに気づいた。彼は幹に戻り、くるりと一周して一メートルほど下りると、侵入者めがけて枝の通路を走った。隣の木にとび移ろうとしたそのとき、相手の姿がはっきり見えた。リスではない！　だが、その動物は大きさも形もリスそっくりで、しなやかな体で流れるように枝をぬって敏捷に移動した。樹上に棲むイタチ、テンだ。テンはリスの棲む環境で相手を追跡、捕獲できるように、独特の発達を遂げていた。

アカリスは警戒の声をあげ、とたんに追跡が始まった。リスは木を駆けあがり、枝を伝って隣の木に移り、地面に下り、通路を抜け、また隣の木に登った。テンとの距離はしだいに縮まった。アカリスは難度の高い移動路に向かってダッシュした。その通路はいたるところで寸断されており、枝から枝へジャンプで渡らなければならなかった。最初のジャンプはテンもついてきた。アカリスは幹を駆けのぼり、地上二十メートルの枝を伝って、先端から身を躍らせた。ここはむかしからなじみの場所だ。ある角度でとびだし、落下している最中に体を強くひねれば、はるか斜め下にある別の木の枝の先端に乗ることができる。リスは針葉の密生する小枝に落ちた。葉は散り、枝は弾んで揺れたが、リスはしっかりしがみついて無事だった。テンは下をのぞきこみ、鋭くひと声鳴いたが、幹のほうにひきかえすと、別の方向に走り去った。テンはすぐにまた別のリスを見つけることだろう。そのリスは自分のなわばり内の通路網を熟知していないかもしれないし、避難路も欠陥だらけかもしれない。それなら狩りは成功するだろう。

九月末になり、球果は地面に落ちた。シラカバとポプラの葉は散り、落葉樹の下には黄色い葉が敷きつめられた。日は目に見えて短くなった――この緯度では毎日七分ずつ短くなる。

平均気温は日に日に下がった。太陽はしだいに低くなり、稜線を伝うように移動した。十月には雪が降り、地面に積もった。林床は一面に白く覆われたが、トウヒの下だけは雪がなく、〈カマニック〉と呼ばれる黒い影が残っていた。だが、気象学的にはまだ本格的な亜北極の冬の到来ではなかった。大気は不安定で、風が頻繁に吹くため、枝にクウェリが積もることはなかった。十月末、北極高気圧がこの一帯を覆った。来る日も来る日もおだやかに晴れわたった。空は桃色に染まり、桃色は朱色を帯び、紫色に変わり、また元に戻った。ときおり温暖前線が張りだして雪を降らせた。

地面も木も雪に覆われた。十月末から氷点下の気温がつづき、積雪は空気を含んで柔らかく軽かった。積雪の変化は、すべて圧縮と地面から上昇する熱と水分によるものだった。低い太陽からの放射エネルギーが結晶構造を変化させ、枝に積もったクウェリはわずかに凝固した。

アカリスは下部の枝の先端を避けるようになった。上部の枝よりもクウェリが厚く積もっているからだ。林床には〈アピ〉と呼ばれる雪が積もった。リスは木の根元から堆積物の山に向かい、また木の根元に戻って餌台にしている切り株に移動し、アピには踏みかためた通路ができた。切り株のまわりの雪には、リスの食べちらかした球果の殻が層をなした。

十二月初旬のある日、軽い巻雲をかき消すように分厚い層雲が低く垂れこめた。六時間のうちに気温は氷点下二十三度から氷点下九度に急上昇した。雪が降りだした。初めのうちは雪片は大きく複雑な形をしていたが、夜のあいだに小さく単純な形に変わった。無数の雪片がタイガに舞い落ちた。多くは木の枝にとどまり、クウェリになった。地表ではみるみるうちにアピの深さが増した。アピが積もるにつれ、カマニックの雪壁は高く険しくなった。

翌日、空はどんより灰色に曇り、月明かりの夜ほどの明るさしかなかった。視界は閉ざされ、森は灰色の綿にくるまれて宙に浮いているように感じられた。雪はささやくような音をたてて積もりつづけた。突然、トウヒが折れた。トウヒは十五メートルほどに生長していたが、わずかに傾いて生えていたため、クウェリの重みに耐えきれず、地上十三メートルほどのところで先端が折れたのだった。先端は一回転して落下した。落下につれて先端のクウェリが落ち、先端がぶつかった木のクウェリも落ちた。周辺の木の枝は加わった雪の重みに耐えかねて折れ、激しく雪をまき散らしながら地面へ落ちた。枝の折れる音は深い雪に吸収され、破壊は静寂のなかで進行した。森のいたるところで木が折れ、枝が落ち、渦巻く雪が柱となって空から落下した。

気温は十分活動可能なレベルだったが、アカリスは堆積物の山の巣で体を丸めてじっとしていた。粉雪が渦巻き、ときおり枝が落ちてくる状況では、雪上で過ごすのはとても無理だった。

山のふもとでは、しなやかなハンノキが積もったクウェリの重みで低くたわんでいた。幹は扁平な弧を描いて倒れ、先端はアピに埋まって固定された。地上三メートルの高さで密生し、複雑にからみあっていたハンノキの幹は、今では低く平らに広がって、その上にハンモック状に雪が積もり、林間の空き地に姿を変えた。そのところどころにトンネルの穴が開いており、ハンノキと雪の天井に覆われた広いほらあなにつながっていた。

雪は夜どおし降りつづいた。灌木《かんぼく》はたわんで雪に覆われ、シラカバとアスペンのしなやかな枝は曲がり、トウヒの枝はねじれて半回転し、積もっていた雪が落ちた。ときおり、過去のクウェリで傾いていたトウヒが折れた。なかには低い枝がたわんでアピに接している木もあり、樹下のカマニックは幹を中心とする円形のほらあなになった。

二日目の夜のあいだに、雲は薄くなって上昇し、雪は小降りになり、やがてやんだ。保護していた雲がなくなって天空の熱シンク（放射熱を無限に吸収する環境）がむきだしになると、まもなく大気は冷えこみはじめ、冬の通常の気温である氷点下二十五度まで下がった。澄みきった鮮やかな夜明けが短い亜北極の昼間の始まりを告げ、積もったばかりの雪の結晶がきらきら輝いた。

爆発するエネルギーに弾かれたように、アカリスが行動を開始した。リスは積もりたての雪をかきわけるように進んだ。木の根元から堆積物の山へ、また木の根元から餌台へと移動し、通路網を整備しなおした。一本のトウヒを登ったかと思うと、すばやく別のトウヒに移っててっぺんまで駆けあがり、よく響く騒がしい声で叫んでなわばりの所有権を宣言した。なわばりを宣言する同じような声がタイガのあちこちから響いた。リス界の住民はみな、新雪のなかでなわばりの境界を見まわり、通路網を作りなおすのに忙しかった。

遠く西では、冷たく乾いた濃密なドーム状の寒気団がシベリアのオビ川流域の上空に居座っていた。この寒気団も外宇宙に熱を奪われて、しだいに温度を下げていた。やがて巨大な寒気団は地球を循環する大気の流れに押されてふたたび動きだした。東へ移動し、ベルホヤンスクの寒極を越え、アムール州、チュコト半島、ベーリング海峡、日付変更線を越え、アラスカに到達した。寒気団は、北をブルックス山地、南をアラスカ山脈にはさまれてふたたび停滞した。

気温が氷点下三十二度を割ると、リスたちは雪上の冷たく乾いた輝く世界を離れ、雪の下にもぐって堆積物のトンネルに引きこもった。棲む世界は一変した——ワタリガラスやオオヤマネコの棲む、乾燥して寒く、まばゆく輝く世界から、ハタネズミやトガリネズミの棲む、湿って暖かく、暗い世界へ。亜北極から温帯へ。アカリスが亜北極で生きのびるためには、このような習性の大転換が不可欠だった。リスの体格と体重では、氷点下三十二度以下の環境で長時間過ごすのは無理だった。もっと体が大きく、体重も重ければ、より低い気温にも耐えられるが、そのかわり揺れるトウヒの枝を敏捷に走りまわったり、枝から枝へとび移ったりできなかった。

タイガの空気はきらきら光る微小な氷の結晶に満たされた。大気の冷却が進み、空気中の水分が凝結したためだ。低い太陽からの光が微小な結晶によって屈折し、空には虹のような幻日《げんじつ》が現われた。結晶は森に降り積もり、クウェリやアピの一部になった。気温はさらに下がり、氷点下三十五度から三十七度に達した。あるとき、氷点下四十三度の日が数日つづいた。収縮度の違いのせいで、ポプラの幹がライフルの銃声のような音をたてて割れた。トウヒの小枝はガラスのようにもろくなった。クウェリの重みで折れる寸前だった枝は、砕けて落ちた。地熱はさらに宇宙に逃げ、気温は氷点下四十八度まで下がってようやく安定した。

ここまで気温が下がると、ほとんどの動物がいつもと違う行動をとった。ふだんは寒さをものともしないカンジキウサギは、ハンノキの下の雪洞にこもった。そこなら雪の屋根が放熱を防ぐため、さほど熱を失わずにすんだからだ。しかもハンノキの樹皮があるので食料にもことかかなかった。アカリスは、すでにだいぶ前から雪に埋もれた堆積物の山に作った巣とトンネルにひきこもっていたため、この厳しい寒さの影響はほとんど受けなかった。仮にむりやり地上に連れだせば、凍てつく寒さのせいで数分で死んでしまうだろう。ムースの被毛は空気を含んでふくらみ、暗褐色の毛は先端が霜に覆われて灰色になった。吐く息の水分は凍結し、呼吸するたびにこするような音がした。ヤナギの茂みで餌を食べるムースの頭上には、氷霧の雲が浮かんだ。もろくなった枝を押しわけて立ち去ったあとには、雪上に刻まれた深い穴と溝だけでなく、氷霧の雲が残った。冷たい空気が深い谷間と湿地に流れこみ、氷霧の雲はゆっくり下に移動した。

一羽のライチョウが、ポプラの芽をついばみながらもろくなった枝の上を危なっかしく歩いていた。餌を腹いっぱい詰めこむと、翼をたたんで雪の上にとび降りた。食物を消化するまで、熱を奪われにくい場所で過ごすためだ。クウェリに覆われたうっそうとしたトウヒの木立では、小さなコガラが身を寄せあっていた。コガラは精いっぱい羽をふくらませて丸くなり、足は羽に埋まって見えなかった。ワタリガラスとオオヤマネコだけは、どん底の寒さをなんとも思っていないようだった。カラスは重い空気を漕ぐように翼を動かし、羽が風を切って鳴った。オオヤマネコは、モップのような足でウサギの足跡をそっとたどった。

はるか南では広い範囲で低気圧が発達していた。気圧傾度が増大し、アラスカ湾では風が吹き荒れた。アラスカ山脈の南斜面には低気圧の北端が迫ったが、北斜面には高気圧が広がっていた。気圧差のせいで、峠では突風が吹き荒れた。冷たく乾いたドーム状の寒気団は、ついにアラスカ山脈の北斜面に沿って東へ移動しはじめた。寒気団はユーコン準州に入り、やがてブリティッシュ・コロンビア州北部に入った。つづいて暖かく湿った空気が峠を越えて流れこんだ。帯状の雲は北へ移動し、気温は上昇した。大寒波は終わった。

雪上の気温が活動可能な暖かさになると、アカリスがタイガに姿を現わした。大むかしからそうしてきたように、リスたちはなわばりの境界を見まわり、争い、所有権を主張した。雪の下からトウヒの球果を持ってきては、割って実をとりだして食べた。

捨てられた殻は堆積物の山の上に積もった。大むかしからそうしてきたように、リスたちはキツネやオオヤマネコの姿を見ると、大あわてでトウヒの枝を駆けのぼった。そして小さな枝にしがみつき、警戒の声を張りあげた——アカリスはタイガの番人なのだ。

ハタネズミの世界

大規模な森林火災の傷跡は、半世紀が過ぎたあともまだ生々しく残っていた。アスペンとシラカバは焼け跡の上に林冠を広げ、落葉樹のあいだからはトウヒの若木が突きだしていた。木の葉の織りなす林冠は薄く、たくさんの隙間から日光が森の地面に差しこんだ。地面には、アスペンとシラカバとヤナギがふぞろいな枯れ葉のじゅうたんを広げ、そのあいまから茶色や緑色の草や、緑色の羽根のようなトクサや、暗緑色につややかに輝くローブッシュクランベリーの茂みが顔を出し、まだら模様をなしていた。その上では、アメリカガマズミの柔らかな若枝が揺れていた。

太陽が空を移動するにつれて、森の地面では光と熱によるまだら模様がつぎつぎに浮かんでは消えた。ほぼつねに日の当たっているところもあれば、日陰のままのところもあった。光はさまざまに模様を変えながら、森の地面を暖め、冷却した。この地上の世界では、アカリスが三次元の暮らしをくり広げていた。だがその下の、草むらに積もった落ち葉や枯れ葉のマットには、トンネルと通路からなる世界が広がっていた。通路は落葉樹の落ち葉のなかをつづいていたが、若いトウヒの下に積もった針葉にはほとんど見られなかった。これらの通路網を作り、維持しているのはハタネズミたちだった（この小さな哺乳類は学名を *Microtus oeconomus* という。英語の正式名は「ツンドラボール」だが、これはあきらかに誤っている。というのも、このネズミはツンドラだけでなくタイガにも多く生息しているからだ）。ハタネズミは根っからの家事好きだ。種子や食べられる小根を貯え、ひまさえあれば通路網の掃除と修理に精を出した。旧世界では「エコノムカ（主婦）」と呼ばれているが、こちらのほうが性質をよく表わしている。ハタネズミは社会性のある動物ではなく、仲間と接触しようという気持ちがまったく見られなかった。自分の世界に閉じこもり、巣穴からなわばりのすみずみに広がる自分のトンネルと通路網のなかだけで暮らしていた。隣接する通路網とぶつかる場合は、匂いをつけて境界をはっきり示した。

夏から秋になり、シラカバとアスペンの葉は黄金色に変わり、やがて色あせて、乾いた音をたてながら枝をぬって舞いおちた。林冠は開き、つかのまの太陽が林床を暖めた。暗緑色のツルコケモモの茂みにはシラカバの葉が点々と散らばり、黄色い葉がコケモモの鮮やかな赤い実とみごとな対照をなした。カエデに似たアメリカガマズミの葉は色づき、その赤褐色を背景に房状の実がつややかに輝いた。トクサは黄色く煙ったもやのように林床の上に浮かんだ。

亜北極の短い秋の輝きは、森の地面に降りそそぐ冷たい雨とともに消えた。色彩はあせ、乾いた落ち葉は湿って組織がゆるみ、すでに堆積していた葉とともに腐敗のサイクルに入って腐植になった。草、葉、トクサは水をたっぷり含んでからみあい、ハタネズミの通路を覆った。餌を探しまわったり、通路を補修したりするたびに草木が揺さぶられ、たえず水しぶきが降りそそいだ。一匹のハタネズミがふと動きを止め、体を激しく震わせて毛づくろいをはじめた。毛が濡れてもつれると、十分な体熱を作りだせず、生命を維持できなかった。このため、なわばり内に乾いた巣穴がなく、避難できないハタネズミは、食物の摂取量を増やしてより多くの体熱を作りだす必要があった。それができなければ、水びたしの巣穴で体を丸めて過ごすしかなかった。そのようなハタネズミは餌探しに出ても弱々しかった。細胞からの滲出《しんしゅつ》液で肺がふさがれ、ぜいぜいあえぎながらよろめくように通路を移動した。周囲を油断なく警戒する余裕はなかった。あるものはキツネにやられ、あるものはオオヤマネコにやられ、あるものはキンメフクロウにやられた。

夜が長くなるにつれ、気温はしだいに低下した。濡れた葉は氷の結晶で覆われた。日陰では、氷は日中も解けずに残った。氷の結晶は広がり、一枚の輝く網状の組織になった。氷の網は薄く、ハタネズミが顔を出すと、かすかな音をたてて割れた。

草も木も、氷の網にすっかり覆いつくされた。地中にも氷の結晶が広がり、土の表面はでこぼこになった。十月、凍結はさらに地中深く広がり、ありとあらゆる裂け目や割れ目に入りこみ、ハタネズミの巣穴のなかには、すっかり氷に覆われてしまうものもあった。餌をとりに出て死ぬハタネズミもいたが、急激に体温を奪われる環境でいつまでもじっとしているわけにはいかなかった。

そして雪が降った。初めのうちは落葉樹の下とトウヒの若木のあいだが軽くまばらに白くなる程度だった。最初に積もる雪は、地面から大気中に放出される熱の流れをほとんど変化させせないため、ハタネズミの世界はさほど影響を受けなかった。だが、ハタネズミは雪の上で大喜びだった。足跡はたちまち網状に張りめぐらされた通路になり、積雪の表面にも内部にも小さな溝やトンネルができた。積雪が深くなってもハタネズミは溝を掘りつづけ、ときどき上がってきては雪上を走りまわった。

高気圧がつぎつぎにタイガを覆い、積雪の増加はおさまった。気温は氷点下二十度を大きく割りこむようになった。積雪はまだ浅く、亜北極の空の熱シンクから地表を守ることはできず、積もった落ち葉は固く凍りついた。熱は、地面からも、植物からも、巣穴からも、さらにはハタネズミの体からも吸いあげられた。ハタネズミは天空の無限の熱シンクにさらされないように、食料を探しに出かけるときはうっそうと垂れた草木に身を隠すようにして走った。それでも代謝の負荷はきわめて大きく、消耗を招いた。年老いて毛がまばらになった個体の場合はひときわ深刻だった。巣のなかで体を丸めたまま死ぬものもいた。死体はたちまち凍りつき、冷たいミイラになった。

ある日、冷えこみがゆるんだ。冷酷に晴れわたった空を雲が和らげ、雪が降りだした。積雪量は魔法を起こす「冬の閾値《いきち》（積雪が断熱効果を発揮し、土の温度の短期的変化を鈍らせるようになる最小値。十五―二十センチ）」を超えた。雪の層が十分な断熱効果を発揮するようになり、ハタネズミの世界が危険なほど熱を奪われることはなくなった。本格的な冬の到来に、ハタネズミはおとなしく雪上の世界を離れた。雪上の通路や溝は雪で埋まり、作りなおされることはなかった。だが積もった雪の下ではハタネズミはますます活発に動きまわり、トンネルの数も増加した。大気への熱の流れが弱まったため、積雪下の温度は上昇し、零度をわずかに下回る程度で安定した。

ハタネズミは冷たいところを歩くのを嫌うため、なわばりのなかでもトウヒの若木の下のカマニックにはめったに足を踏み入れなかった。積雪が少なく、地熱が奪われていたからだ。しかもオオヤマネコがよく待ち伏せしているため、大きな足のネコ科動物の匂いがしみついていた。

冬の始まりには、雪の日とよく晴れたおだやかな日が交互に訪れた。雪を降らせる気象条件と原因は毎回異なり、そのたびに積雪層の深さと密度も異なった。だが、ハタネズミは雪の複雑な違いにはいまは関心を示さず、通路網を広げたり、なわばり内の安全地帯のまわりに匂いづけをして境界線を固めたり、忙しく動きまわった。

夜が一年で一番長い時期になると、太陽からの熱はほぼゼロになり、東へ移動してきた冷たく乾いた巨大なドーム状の寒気団がタイガ上空に居座った。熱は、雪の表面や、木の幹や、針葉樹の葉や、さらには大気からも奪われて、外宇宙へ流れていった。アスペンの幹は収縮が進み、音をたてて割れた。

枝に止まっていた一羽のハリモミライチョウが積もった雪にとび降りた。頭までもぐると、軽く柔らかな雪のなかを泳ぐように二メートルほど進み、体を小刻みに揺すって雪を固め、居心地のよいほらあなを作った。体を揺すった拍子に背後のトンネルが崩れ、ライチョウは断熱性のある暖かな雪のなかに収まった。ここで長い亜北極の夜を過ごして体を休め、そのあいだに嗉嚢《そのう》（食道の一部を拡大したもので、食物を一時的に蓄える部分）に詰めこんだアスペンの芽を消化して、生命の維持に必要なカロリーを得た。

ハタネズミはいつもどおりの生活をつづけていた。巣穴で数時間眠り、食料の貯蔵場所に出かけて腹を満たし、気が向けばもつれた草やトクサのあいだを掘りすすんで新たな食料を探し、巣穴に戻ってまた少し眠った。眠りと目覚めは体内のリズムに従っていた。積雪下の世界には周期的な明暗の変化がなく、温度の変動もなく、月も、ギンザンマシコの鳴き声も、フクロウの鳴き声も届かないため、冷たく乾いた雪上の世界で脈打つリズムに合わせて活動するのは不可能だった。

ドーム状の高気圧が大陸の反対側に移動し、そのあとに暖かく湿った、いくぶん薄い気団が入ってきても、ハタネズミの生活に変化はなかった。新鮮な暖かい空気に含まれた水分は、冷えきった木の幹や枝に触れて凝結した。タイガの森は平たくもろい氷の結晶に覆われ、たちまち一面の銀世界になった。気温と湿度の急激な変化でシラカバの球果が割れ、羽根のついた小さな実が雪上に舞いおちた。実が大量に積もり、樹下の雪が薄茶色に見えるところもあった。まもなく雪の表面は交錯する無数の足跡に覆われた。目のまえに広がる高カロリーの食料を求めて、ベニヒワやコガラやイカル、さらにはカナダカケスまでが集まり、とびはねたり翼をはばたいたりしながら実をついばんだ。

一月半ばのある日、低く垂れこめた分厚い層雲が軽い巻雲をかき消した。気温は六時間のうちに氷点下二十三度から氷点下九度にはね上がった。雪が降りだした。森の地面に積もったアピは一時間ごとに深さを増した。アピが積もるにつれて、カマニックをとり囲む雪の壁は高く険しくなった。

新しく積もった雪が雪上に散らばったシラカバの実を覆い、小さな鳥たちから隠した。新たに加わった雪の重みで、アピの中間層は圧縮された。結晶が押しつぶされて壊れ、きしんでうめくような音をたてた。食料をとりに出ていたハタネズミは、立ちどまって体を丸め、耳を小刻みに動かし、またもとの仕事に戻った。結晶の不協和音は、積雪下の生命が奏でる平坦なテノールを乱した。

ハタネズミの世界を乱すものがもうひとつあった。シラカバの炭水化物の匂いである。ハタネズミのなかには、ときおり上から伝わってくるかすかな匂いに誘われて、何層もの雪を掘りすすむものもいた。簡単に掘れる層もあれば、固い層もあった。どの層もそれぞれに異なった。実がたっぷり詰まった層に行きつくと、水平方向にトンネルを掘り、手当たりしだいにむさぼり食った。いつものような匂いによる境界線がないため、別のハタネズミとはちあわせすることもあった。社会性のない彼らは、相手を追いはらおうとすさまじい叫び声をあげてとっ組みあいをした。通常は二次元で構成されているハタネズミの世界に高さという新たな次元が加わり、なわばりは複雑さを増した。

積雪はハタネズミの生命を守る役割を果たす一方で、潜在的な危険をもたらすものでもあった。アピが冬の閾値に達し、土と腐植の温度が零度前後で安定すると、バクテリアの活動もゆっくり進行して、シラカバやアスペンの葉、草の茎、トクサの葉を分解し、腐敗させた。バクテリアによる腐敗の化学作用から二酸化炭素が生成され、放出された。二酸化炭素は重い気体だが、土から放出される熱と湿気が積雪中をたえず上昇しているため、生成されてもハタネズミのすみかにたまることはなかった。

だが、積雪が深さを増して圧縮が進むと、二酸化炭素の自由な放散は難しくなった。この気体は空気よりも重いため、アピの下を漂って低地に向かい、くぼ地や低地にたまった。

二酸化炭素濃度が高まると、低地に棲むハタネズミの呼吸数は上昇し、落ち着きを失い、警戒心が強まった。その結果、しきりに動きまわり、深く呼吸しようとした。すぐ隣には別の個体のなわばりがあるため、水平方向には活動範囲を広げられなかった。けれども垂直方向には、すでにシラカバの実のある層までトンネルが通じており、ハタネズミはそれを掘りすすめて雪の表面に穴を開けた。雪の上には一夜にして無数の小さな通気孔が開いた。

上昇してきた暖かく湿った空気が固く凍った層にぶつかると、空気中の水分の一部が通気孔の壁に凝結し、トンネルを繊細な針状の氷で覆った。雪上の冷たく乾いた空気に、暖かく湿って汚れた空気が放出され、通気孔からは小さな蒸気の筋がたちのぼった。

森の低地のなかには、二酸化炭素の生成と蓄積が速く、通気孔からの排出が追いつかない場所があった。ハタネズミはすっかり落ち着きを失い、ますますせわしなく動いた。別の個体と出くわす機会も増え、威嚇したり、過剰なディスプレイをしたり、甲高い声で叫んだりすることが多くなった。あるハタネズミは、別の個体に激しく追われて、繊細な針状の氷の結晶を蹴ちらしながら通気孔を駆けのぼった。そして外にとびだすと、沈みやすい雪の上を大あわてで逃げた。

柔らかな風と大きな影が雪上に迫った。曲がったかぎ爪に握りつぶされ、ハタネズミは悲鳴をあげた。キンメフクロウはあたりを見まわしてくちばしを突きだし、ハタネズミをくわえて飛びあがると、トウヒの若木に止まった。死体を食いちぎって平らげたそのとき、雪の上を大あわてで走る別のハタネズミが目に入った。フクロウはトウヒから急降下し、獲物に襲いかかった。

積雪中の二酸化炭素濃度は日に日に増大し、ガスポケットも広がって、さらにたくさんのハタネズミが落ち着きを失ってさまよい出るようになった。小さなフクロウは肥え、消耗の激しい亜北極の空気に負けないだけの体熱を保てるようになった。巣穴からさまよい出たハタネズミという餌がなければ、このあたりに棲むフクロウは冬のタイガの厳しい寒さを生きのびることはできないだろう。

積雪はさらに深まり、二酸化炭素の放散だけでなく、熱の放散も妨げるようになった。温度変化はごくわずかだったが、アピの形態を変化させるには十分だった。積雪の最下層部では、凍結のゆるんだ氷の結晶や針状組織の先端から水蒸気の分子が放出され、より大きな氷粒の表面に付着した。こうして小さく繊細な結晶は消滅し、かわりにすでに大きくなっていた〈プカック〉（積雪の最下部に見られる、大型化した雪の結晶）の粒がさらに大きくなった。再結晶のプロセスはしだいにアピの上部に広がり、プカックの層は厚みを増した。

タイガ上空では太陽が日に日に高く昇るようになった。上空の北極高気圧は周縁部の力が弱まった。真冬のあいだ北極高気圧に押しもどされていた低気圧が、高気圧の縁に食いこんで濃密な空気を吸いとった。タイガでは風が強まった。

太陽の放射熱が強まり、針葉の密生するトウヒの小枝をわずかに暖めた。枝に積もったクウェリのかたまりがゆるんで落ちた。トウヒの上をそよ風が吹きぬけ、先端を揺らした。一本のトウヒのてっぺんからクウェリのかたまりが落ちた。枝は雪の重みから解放されて勢いよくはねあがり、その拍子に残っていたクウェリがふり落とされた。雪のかたまりは下の枝に当たり、クウェリが揺さぶられて落ちた。木の片側の枝からは積もったクウェリがつぎつぎにふり落とされ、わずか数秒のうちに木全体が渦巻く雪けむりに包まれた。枝が二本折れ、無数の針葉が雨のように降りそそいだ。クウェリのかたまりがアピの上にどさりと落ち、月のクレーターのようなくぼみができた。折れた枝が積もった雪に突きささり、針葉が落ちて散らばった。どの木からもつぎつぎにクウェリのかたまりが落ちた。午後じゅうずっと、タイガはとび散る雪の結晶で煙り、枝が折れてはじける音や、クウェリのかたまりが落ちてアピをくぼませる重い音が騒がしく響いた。

振動は積雪を下へ伝わり、ハタネズミの世界にも届いた。微妙なバランスを保っていたプカックの柱は砕けて崩れた。棲む世界が崩壊しはじめても、あわてて逃げだすハタネズミはまだいなかった。太陽が地平線に傾くと振動はやみ、枝に残っていたクウェリはトウヒの針葉に固く凍りついた。ようやくハタネズミたちが巣穴から出てきた。入念に作りあげた通路はプカックの結晶で埋まっていた。ハタネズミが生きのびるためには整った通路網が欠かせないため、通路の掃除は基本的な習性の一部になっていた。ハタネズミたちは通路から氷の結晶を掘り出し、かきとり、押しのけて、使える状態に戻した。

雪中温度の上昇にともなって、寒さに強い数種の昆虫が成虫になった。卵からかえったり、さなぎから出た虫たちは、幾層もの雪をゆっくり懸命に上りはじめた。太陽が空高く昇ると、虫たちがいっせいに雪の上に現われた——無数の小さな黒いトビムシは気まぐれにとびまわり、ときおり混じる羽のないガガンボは、クモに似て脚が長く、ナマケモノを思わせる大儀そうな動きで緩慢に前進した。

太陽が天頂を過ぎて気温が下がりはじめると、トビムシはあたりで一番暖かな場所に集まった。落下したクウェリが雪上に作ったクレーターは、突然、ありえない側に影ができた。じつはその影は、何万匹ものトビムシが集まって、いくらか暖かいクレーターの南西斜面をびっしり埋めつくしたものだった。どのクレーターも、本来は光が当たっているはずの側が生きた影に覆われ、輪郭が際だって見えた。

クウェリの大きなかたまりが落下すると、凍結した雪面を突き破ることがあった。その割れ目から、剛毛にふちどられたふるえる鼻先が現われた。トガリネズミが雪の上にとびだして、寒さで麻痺したトビムシをむさぼりはじめた。これほど貴重な食料はそうそうお目にかかれるものではない。トガリネズミは固く締まった雪面を転がるように走り、クレーターに出くわすたびにそこのトビムシを平らげた。

満腹になったトガリネズミは、雪の下に戻ろうと、固くなった雪の表面を探った。すでに太陽は木の陰に隠れ、冷えこみは厳しさを増していた。固くなった雪面を掘ろうとしても、トガリネズミの小さな前足のかぎ爪では、かすかなひっかき跡をつけるのが精いっぱいだった。トガリネズミはやみくもに走りまわり、閉めだされてしまった雪の下の暖かい世界に戻ろうと、雪の表面を必死に探った。だが、その努力はむなしかった。数分後、トガリネズミはそれ以上体熱を奪われるのを防ぐために体を丸めて小さな球状になった。そしてそのまま死んで固く凍りつき、タイガのアピに転がる小さな点になった。

四月半ばになり、積雪中を上昇する熱の流れは弱まった。熱は、日中は積雪の表面から下層部へ流れ、夜間は逆に表面に向かって上昇した。熱の流れの変化は雪の再結晶化を速め、まもなく積雪は固い表面を除いてすべてプカックになった。

積雪の表面はますます固くなり、大きな動物が歩いても崩れなくなった。四月のある日、ジュウジギツネがかつての森林火災の跡を横切った。早足で走るキツネの爪が、雪の表面を叩き、ひっかいた。ときおり急斜面や滑りやすい場所で足を滑らせると、ふんわりした大きな尾をむちのようにしならせてバランスをとった。キツネはふと足を止め、座りこんで首を傾げた。おいしい匂いがあたり一面に漂っていた――ハタネズミの匂いだ。甲高い鳴き声がかすかに聞こえた。ここからも、あそこからも。キツネはゆっくり立ちあがり、片方の前足を優雅に伸ばした。キツネは慎重に進んだ。あるところまで来ると、鳴き声が真下から聞こえるようになった。

キツネはかがみこみ、高くとびあがった。四本の足をすべてたたみ、全体重をかけて雪の上に下りると、固い表面が割れた。キツネは猛然と雪を掘った。歯を使って表面の固いかたまりをはがし、前足でうしろにかきだした。掘りすすむうちにプカックが崩れて穴に流れこみ、キツネは雪に埋まりそうになった。キツネは鼻から息を吐いて頭を強く振り、体から冷たい雪の結晶を払った。ふたたびプカックの結晶がなだれこみ、キツネはあわてて雪の上に駆けもどった。体を勢いよくふるって雪を払うと、プカックの結晶が雲のようにわきあがり、きらめきながら雪面に降りそそいだ。ハタズミの世界では、頭上の雪が大きく揺らぎ、危険がすぐそこまで迫ったが、あやうく難を逃れた。

キツネはあきらめて、森の空き地を横切ってほかに向かった。突然、足元の固い雪が十センチほど沈んだ。雪の沈下は池のさざなみのように周囲に広がり、あちこちでフゥーンという鈍い音があがった。鈍い音と崩れる雪に追われるように、キツネは空き地を囲む木の下にたどりついた。そこではうっそうと茂った草木が積雪を支え、崩れおちるのを防いだ。

日に日に太陽は空高く昇るようになった。日中、柔らかくなった雪をかきわけるようにカリブーが通り、あとには深い足跡が残った。カリブーたちは、八百キロ以上離れた岩だらけのツンドラの高地を目指して春の移動を始めたところだった。夜になり、表面の雪がふたたび固くなると、移動したいというカリブーの欲求はおさまり、まるで見えない境界線に囲われるように、一カ所に集まって餌を食べて休んだ。

日に日に積雪は縮んだ。日光がアスペンの幹を暖め、幹はそのエネルギーを周囲の雪に再放射した。雪が昇華（固体が液体の状態を経ずに直接気体になる物理変化）して深い円筒状の空間が生じ、その北側の端からアスペンの幹が突きだした。

雪のなかや表面に散らばったウサギの糞や小枝や針葉は、熱を吸収し、周囲の雪に再放射した。ウサギの糞のまわりの雪が昇華して、垂直方向に箇状の穴が開いた。小枝や針状の葉が沈下したあとには、ふぞろいな空洞ができた。

若いトウヒの下枝が大きく揺れ、その下のカマニックでは気温がめだって上昇した。薄く積もった雪は昇華して消え、黒ずんだ針状の枯れ葉が現われた。カマニックは、外からの熱をエネルギー源とする生きものたちの温室になった。クモは脚を伸ばし、冬眠から覚めたばかりの蚊は弱々しくはばたき、オオアリは通路を整えなおした。

冬のあいだはほとんど近寄るもののなかったカマニックは、いまや生きものの活動の中心だった。活気をとり戻した無脊椎動物に誘われて、コガラやベニヒワが集まり、さらには珍しいキバシリも姿を見せた。ハタネズミは雪解け水で水びたしになったトンネルを出て、カマニックの暖かく乾いた落ち葉の上で転げまわった。

やがて夜間の気温が零度を割らなくなると、古びてざらめ状になり、穴や空洞だらけになった積雪は、みずからが解けた水でびしょ濡れになった。なにもかもが濡れていた。コケからも、枯れ葉からも、草の幹からも、しぼんだトクサからも、水がにじみ出て滴った。秋には一大勢力を誇ったハタネズミは、今ではほんの申しわけ程度に数が減っていた。ハタネズミは冷たい水たまりと化した低地からふたたび逃げだした。ハタネズミにとって危険な季節は秋だけではなかった。春にはまた別の危険にさらされた。生命を守ってくれる積雪はすでに消え、あるのはただ水びたしになったアピの残骸だけだった。トンネルと巣穴は水に濡れ、断熱効果はほとんどなかった。冬は退散したとはいえ、山ひとつ越えたところに居座っており、今も未練がましくタイガから熱を奪う機会をうかがっていた。そんなことになればハタネズミの世界は氷に覆われた牢獄と化し、ただでさえ乏しい食料は手の届かないところに消え、新たにトンネルを掘ることもできないだろう。ハタネズミの数はさらに減少するにちがいない。

だが、地表を覆う雪は減りつづけ、南向きの斜面と開けた場所からは完全に消えた。暗い日陰には頑固に残っていたが、やがてそれも消えた。太陽からの熱は力強さを増し、コケと草木は乾いた。ハタネズミは生きのびた。

ノウサギの世界

冬が終わり、川の氷は割れて流れ、タイガに春が一気に広がった。地軸の傾きによって、タイガと太陽の角度はしだいに大きくなり、より多くの太陽エネルギーがふりそそぐようになった。正午のたびに太陽は高くなり、日に日に北の空に移動して、地平線沿いをしばらく転がってから天頂へ向かった。真昼の熱は地面を暖めた。だが、トウヒの陰はあいかわらず冬のままで、こんもり茂ったイワダレゴケの根元は氷の結晶にしっかり覆われていた。亜北極の太陽は、早朝と夕方には木の下にも射しこんで長い影を作ったが、その時間の光にぬくもりはなかった。

南向きの斜面に古い森林火災の跡があり、アスペンとシラカバがうっそうと茂っていた。森の地面に届く光は黄緑色に染まっていた。シラカバ、アスペン、ハンノキが芽吹き、若葉が作る半透明のフィルターを部分的に通ってきたからである。小枝の織りなす繊細な網目と美しい彩りが輝くような模様を生んだ。

イソツツジの茂みはまだ花をつけていなかった。開花するには根がもっと暖まる必要があった。それでも常緑の葉は働いていた。葉先が鈍い緑色で根元が茶色にぼやけた葉は、日光を浴びて未来の花のための養分を作りだしていた。

風が丘の上のトウヒの先端を揺らした。丘のふもとのクロトウヒの生える平らな湿地から、吸いつくような、水をはね散らすような音が聞こえてきた。湿った地面を歩くムースの足音だった。ムースはメスで、生まれたばかりの子のそばに戻るところだった。子はハンノキの茂みの日なたで体を丸めて眠っていた。

大きなアオバエが飛びまわり、蚊が羽音をたてていた。アオバエも蚊も寒さに強く、樹皮の割れ目や幹の裂け目で冬眠し、成虫の姿で亜北極の冬を越した。この蚊は吸血性だが、大型でゆっくり飛びまわるハボシカで、夏に大量発生する小型でしつこいヤブカとは異なった。

この南向きの斜面に、小さなアスペンの枯れ木が二本、重なりあって倒れていた。その下には乾いてもろくなった枝が積もり、幹からは枯れてはがれた樹皮が垂れさがっていた。もつれた枝の下には乾いた枯れ草や落ち葉が広がり、さらにその下に十センチ四方ほどの浅いくぼみがあった。そこから小さなスロープが地上につづいていた。

浅いくぼみには、生まれたばかりのカンジキウサギの子が六匹、体を寄せあっていた。子ウサギはまるで親のミニチュアだった——親と同じ明るい色の瞳、強い警戒心、ふわふわの被毛——だが、まだ足がおぼつかなかった。子ウサギたちが寄りそうようにかたまっているのは、ぬくもりを求めているわけでも、仲間を求めているわけでもなかった。寄りそいあってひとかたまりの毛むくじゃらの球になれば、巣のすぐ上をうろつく蚊の大群にさらす表面積が少なくてすむ。毛むくじゃらのかたまりはときおりもぞもぞ動き、外側のウサギがなかにもぐりこんで、被毛を突きやぶろうとする蚊の攻撃から身を隠した。

体を寄せあうのは、子ウサギが蚊から身を守る手段だった。被毛が厚くなって蚊の攻撃を防げるようになり、筋肉の動きをうまく制御してまぶたに止まった蚊をはらい落とせるようになると、かたまりはばらばらになった。子ウサギたちはそれぞれの方向に別れ、ふたたび出会うことがあっても、きょうだいという意識はなかった。

母ウサギは日に数回巣に戻り、子の毛づくろいをして乳を与えた。子の成長は速く、すぐにそれぞれが自己主張するようになり、きょうだいに向かってうなったり、つついたりした。

子ウサギのきょうだいがばらばらに別れたある日、一匹の若いノウサギがうっそうとしたイソツツジの茂みを大あわてで駆けぬけた。四百メートルほど疾走し、ハンノキの茂みにあるトウヒの小木の下に来ると、ようやく止まって息を弾ませた。ウサギは首を伸ばし、ヤナギランのみずみずしい若茎を食いちぎり、鋭敏なくちびるを巧みに動かして口に引きいれた。ウサギはあごを左右に動かして咀嚼《そしゃく》した。ヤナギランの若茎は前後に揺れながら姿を消し、やがてウサギの血肉になった。数本の若茎を平らげたウサギは毛づくろいをはじめた。口の届くところはきれいになめ、届かないところは足で掻《か》いた。耳をそっと顔の前にひっぱり、前足できれいになでつけた。巨大な後足の片方を持ちあげ、つづいてもう片方を持ちあげ、足指を大きく開いて毛を掃除した。体のすみずみまで毛づくろいがすみ、すっかりふわふわに仕上がると、体を伸ばし、あくびをして、眠りに落ちた。眠っているあいだに死がすぐそばを通りすぎたが、ウサギは気づかなかった。一頭のキツネが近くを早足で駆けぬけ、下生えの茂みに曲がりくねった小さな足跡を残した。若いノウサギが匂いを嗅ぎつけられなかったのは、まったくの偶然にすぎなかった。

ノウサギは小さなトウヒの下から食料を探しに出かけ、また戻ってきては木陰で日中の暑さをやり過ごした。なわばりが広がると、あちこちに休憩所を作った。ハンノキの茂みの向こうには、傾いた木のすぐ下に休憩所があり、コケに覆われた幹に守られていた。腐りかけた大きなシラカバの丸太の上の休憩所は、秋が近くなり、気温が下がるにつれて、お気に入りの場所になった。幹の一部は空洞になっていたが、まだら模様の灰色の樹皮は傷んでおらず、頑丈だった。ノウサギは足に触れる樹皮の感触が気に入っていた。シラカバの大木は倒れるときに林冠をひき裂き、倒れたままの場所に転がっていた丸太は、毎日数時間、たっぷり日光を浴びた。

ときおりノウサギは、一時間ほどじっと日光浴したあと、シラカバの丸太を大きな後足で叩き、高らかに音を響かせた。丸太を叩く音はタイガのなわばりじゅうにとどろき、春先にエリマキライチョウが翼をうち鳴らす音を思わせた。

ある日、ノウサギは知らない匂いに出会った。その匂いは彼の通路沿いの葉にしみついていた。初めてその匂いを嗅いだノウサギは、耳をうしろに倒して首筋にぴったり沿わせ、頭を上に向けて鼻を突きだした。無意識のうちに胸の筋肉が緊張して肺から空気が送りだされ、うなり声が漏れた。この反応をひき起こしたのは、別のノウサギの匂いだった。この姿勢とうなり声は、なわばりに侵入したノウサギに対する敵意が本能的に表われたものだった。ノウサギは匂いを追ったが、なわばりの境界を越えてつづいているのを知ると、いつものなわばりの中心にひき返した。

ノウサギのなわばりはおよそ四ヘクタールにわたっていた。そのほとんどが焼け跡の木立だったが、一カ所、隣のなわばりとの境界にシロトウヒの巨木がそびえており、その下にはイワダレゴケが分厚く茂っていた。この木はもともとの森の生き残りだった。火災に遭わなかった部分にはトウヒが茂り、若い落葉樹の下生えがほとんどないので、ノウサギはめったに足を踏みいれなかった。

このノウサギのなわばりには小さなトウヒや若いシラカバやヤナギがたくさん生えており、その下にはイソツツジがうっそうと茂っていた。イソツツジの生えていない部分は、金緑色のコケとつややかな暗緑色の葉のローブッシュクランベリーで覆われていた。羽根のような緑色のトクサはいたるところに見られた。

ノウサギのなわばりにはハンノキの大きな茂みがいくつかあった。ハンノキの茂みは、この季節には木陰を提供し、来たるべき冬には貴重な食料源になった。ハンノキは未来の世代のノウサギにとっても重要だった。なぜならハンノキは空気中の窒素を固定して地下に貯え、土壌を富ませて、やがてノウサギの血肉となる栄養分を補給したからである。

ノウサギは複雑に絡んだ通路網をなわばりじゅうに張りめぐらせていた。通路は主に匂いでしるされており、人間の目には見えなかったが、どこに曲がり角があり、どこに障害物があるのか、ノウサギは完璧に把握していた。タイガに棲むほかの動物たちもノウサギの通路を知っていて、利用していた。地面を駆けるアカリスは頻繁にノウサギの通路を使った。亜北極の夜には——といっても薄暗い空が数時間つづくだけだが——ヤチネズミがせわしなく走りぬけた。

それぞれの訪問者が残していった臭跡を、ノウサギはすべて判別できた。リスでもハタネズミでもない動物の匂いが、ノウサギのまわりに渦を巻いて漂っていた。トガリネズミとムースの匂いだ。それらの匂いを嗅ぎつけても、ノウサギはさほど興味を示さなかった。ときおり、別の匂いがなわばりに漂ってくることがあった。その匂いを嗅ぐと、ノウサギはそっと立ち去るか、凍りついたように動かなくなった。あるときはキツネの鋭い匂いだった。あるときはイタチの麝香《じゃこう》臭だった。ときにはクロクマの甘い匂いが漂うこともあった。オオヤマネコはまちがえようのない独特の匂いがした。その匂いに気づくと、ノウサギは大あわてで逃げて身をかわし、凍りついたように動かなくなった。

季節が進むにつれて、太陽は日ごとに南寄りに昇って南寄りに沈むようになり、昼間の長さは目に見えて短くなった。ふたたびまっ暗な夜が訪れるようになった。空気は日増しに冷えこんだ。アスペンとシラカバの葉は黄金色に変わり、森の地面に舞いおちた。光は黄緑色から黄色に変わり、すべての葉が落ちて森の地面が空にさらけだされると、ノウサギのなわばりは一段と明るくなった。

　昼間が短くなると、ノウサギの毛が生えかわりはじめた。まず最初に大きな後足の甲が白くなり、つづいて耳が白くなった。秋が深まった。腹の白さが脇腹まで広がり、後頭部と首に白いぶちが現われた。十月には茶灰色と白のまだら模様になった。

　十月はムースの発情期でもあった。朝早く、やぶのなかから重たい体がぶつかりあう音と、メスがうめいて鼻を鳴らす声が響いた。あるいはなわばりを主張しあうオスが、鼻息も荒くいななく声が聞こえることもあった。ある日の夕方、ノウサギのなわばりの近くで二頭のオスのムースが争い、膠着《こうちゃく》状態がつづいていた。巨体がぶつかりあう音が響いた。二頭はシラカバの若木を押したおし、ひづめを開いてコケを踏みつぶした。ついにムースはぶつかりあいをやめて別れたが、早朝の薄あかりのなかで激突は再開した。やがて戦いに決着がつくと、付近のなわばりに棲むノウサギたちが集まってきて、折れたり曲がったりした小木の柔らかい枝を食べた。勝敗のゆくえはノウサギたちの知るところではなかったが、戦いのあとには、にわかに新しい食料が出現することはよく知っていた。

　初雪がタイガに舞いおちた。葉の落ちたシラカバやアスペンの下では、雪は地面に達してそのままとどまった。曲がったハンノキの幹はどれも上側が雪に覆われて、茂みの下は雪のない暗い「影」になった。トウヒに降る雪は弧を描いて揺れる大枝に捕まり、まもなく樹下の地面には幹を中心に雪のない黒々とした円ができた。ノウサギのなわばりは、白、暗緑色、茶色、黒のまだら模様になった。菱形模様の道化の衣装のように、茶と白のまだらになったノウサギの被毛は、この色とりどりの背景にうまく溶けこんだ。このカムフラージュは二重の効果があった。キツネやオオヤマネコなど、ノウサギを狙う動物はみな色盲なので、明暗の差しか見分けられなかったからだ。

雪はさらに降り、なわばり内の黒い地面は、ひとつ、またひとつ姿を消し、残された地面もしだいに面積が小さくなった。十一月になると積雪は深まり、倒木や落ちた枝ややぶは白く覆われ、カマニックにもうっすらと白い粉が広がった。このころになると、ノウサギはすっかり冬毛に替わり、全身が純白に包まれた。ただし耳の先端だけは例外で、その黒い耳先と黒い大きな目が、白い被毛のアクセントになっていた。行動も変化し、ほんの少し驚いただけであわてて逃げだすようなことはなくなった。キツネやオオヤマネコがなわばりに入ってきても、あいまいな形のこぶのように体を丸めてじっとやり過ごした。

夏のあいだは目に見えなかったノウサギの通路も、雪が積もった今ははっきりわかるようになった。なわばりじゅうに通路網が張りめぐらされていた――ヤナギの木立からトウヒの下へ、トウヒの下からシラカバの木立へ、シラカバの木立から開けた空間をまっすぐ横切ってヤナギの木立へ、そしてまたトウヒの下へ。たいていの場合、ノウサギはこの通路網を使って隠れ家と餌場を行き来した。だが、シカとは違って、雪が深くなると通路ではないところも通るようになった。大きな後足と大きく開く足指、そして分厚く硬い被毛のおかげで、雪の上でも体は沈まず、身動きがとれなくなってあがく心配はなかったからだ。ノウサギは雪の上を自由に移動して、いつもは行かないヤナギの木立にも出かけることができた。

十二月に入り、日はさらに短くなって、太陽は南の地平線からほんの数時間しか顔を出さなくなった。けれどもその前後には、しばらく地平線のすぐ下にとどまっていた。朝八時から夕方四時ごろまで、光の強さと色彩はたえず変化し、日の出と日の入りがひとつづきになったような昼間が訪れた。空がさまざまな色に染まると、その光を受けて雪の表面も染まった。ただしノウサギの目には、どこもみな一様に白黒の世界だった。

早朝、光がしだいに強まってくると、ノウサギはまず伸びをして毛づくろいをすませ、通路をたどってヤナギの木立に跳ねていった。背伸びをして小枝を噛《か》みとり、臼歯ですりつぶした。樹皮と形成層は比較的栄養分が少なく、空腹を満たすには大量の小枝が必要だった。ときおりノウサギはヤナギの幹に噛みついて、樹皮と形成層を頭をひねって食いちぎった。

雪が降りつづいているかぎり、食料は無尽蔵といっていいほど豊富に手に入った。新しい雪が積もるたびにノウサギのいる場所は高くなり、新鮮な樹皮や小枝に届くようになった。

十二月末、雪の降らない日が数日つづいた。一週間、二週間たっても雪は降らなかった。積雪の圧縮と沈下が進み、全体の厚みはいくぶん減少した。いつもの茂みでは、後足で立って届く範囲の樹皮と小枝はすぐに食べつくしてしまった。そこでふだんは避けている茂みにも出かけるようになった。その茂みに行くには、開けた雪原を横切らなければならなかった。雪の降らない日はさらにつづき、ノウサギは広大な雪原に点在するシラカバの小木まで利用せざるをえなくなった。そのような開けた場所では、音もなく空をパトロールするミミズクやカラフトフクロウに簡単に見つかってしまった。湾曲した大きなかぎ爪に内臓をひき裂かれたノウサギの悲鳴が毎晩のように響いた。だが、この残酷な死は、タイガの営みの不可欠な一部だった。その年に増えた分がもとの数まで間引かれなければ、ノウサギは二倍、三倍、やがては爆発的に増加してしまうだろう。

雪の降らない日が三週間ほどつづいたある日、数片の巻雲が空の高いところに現われた。巻雲はしだいに厚みを増し、つづいて低い雲が現われた。気温は劇的に上昇し、まもなく雪が舞いおちた。降雪はしだいに激しくなり、明けがたにはノウサギの世界は灰色に曇った渦に包まれて、視界が閉ざされた。ノウサギは小さなトウヒの根元の巣穴におさまったまま、じっとしていた。雪は一日じゅう降りつづき、夜になっても、翌日の昼になってもやまなかった。翌日の夕方になって雪は小降りになり、ようやくやんだ。雲は薄くなった。ノウサギは雪に覆われたトウヒの下から這いだして、目をしばたたき、体をふるわせた。空には満月をわずかに過ぎた月が浮かび、雲が晴れるにつれて、月光が降ったばかりの雪の結晶に反射してきらめいた。

新たに積もった雪のおかげで、ノウサギのいる場所は三十センチ以上も高くなり、新鮮な食料にありつけるようになった。しかもヤナギやハンノキやシラカバは雪の重みで曲がっており、てっぺんの柔らかい枝にも届いた。踏みかためられた古い通路は、降ったばかりの軽く柔らかな雪に覆われて消えていた。ノウサギは鋭い嗅覚と空間的な方向感覚だけを頼りに、かつての通路網を探しあてて整えなおした。

突然、なにかの衝動につき動かされたようにノウサギは走りだした。なわばりの端から端までくりかえし跳ねまわり、大きな後足が雪を蹴るたびに柔らかい雪煙が上が

った。丘の斜面に棲むすべてのノウサギが同じ衝動につき動かされ、月明かりのタイガはとび跳ねる白いかたまりであふれた。ノウサギはみな、なにかに憑《つ》かれたように静寂のなかを疾走していた。このディスプレイは「遊び」でも社会的行動でもなく、ノウサギがタイガで生きぬくために数千年の時間をかけて発達させてきた、通路網を作りなおすための習性だった。

吹雪が去ると、タイガ上空に冷たく乾いたドーム状の空気が入りこんで、気圧が上昇した。気温はまたたくまに冷えこんだ。夜になると、空はむきだしになっているありとあらゆる暖かい物体から放射熱を吸いとった。ノウサギも例外ではなかった。雪上で生活するノウサギは、冷えこんだ空気にさらされただけでなく、外宇宙の無限の熱シンクにもさらされたのである。

タイガ上空に強い寒気が停滞すると、小枝はガラスのようにもろくなった。ムースが通るとヤナギの茂みは砕け、ひづめの下で雪がきしんだ。餌を食べるノウサギたちは、体を丸め、足を体の下に引きこみ、うしろに倒した耳を肩甲骨のあいだの隆起にぴったり沿わせた。被毛は、断熱効果が最大になるように空気をたっぷり含んでふくらみ、かがんだまま餌を食《は》むノウサギの体を、ふさ飾りかスカートのように包みこんだ。

気温が氷点下四十五度を割ると、ノウサギは空の熱シンクにさらされないように、雪の重みでたわんだハンノキやシラカバの下の雪洞にもぐりこんで、体を丸めたまま長時間過ごした。ここなら上を覆う雪が放射を防ぐので、空に赤外線熱を奪われずにすんだ。

ノウサギは、餌を食べに出かけていたヤナギの茂みから巣穴に戻った。いつもの通路を跳ね、雪で曲がった若いトウヒの木立に通りかかったとき、突然、圧倒的な重みに押しつぶされ、踏みかためた通路の雪の上で身動きがとれなくなった。ノウサギは悲鳴をあげた。長い歯がノウサギの首のつけ根を貫き、悲鳴は唐突にとぎれた。歯は頭蓋骨の下部から脳に達していた。

オオヤマネコは顔を上げ、くちびるについた血をなめとると、かすかに口をひきつらせ、満足げなうなり声をそっと漏らした。

待ち伏せの名手

氷河によって作られた堂々たる川は、大きく蛇行しながらタイガに覆われた氾濫原をなめらかに流れた。内に秘めた力をうかがわせるのは、川面に浮かぶ漂流物の速さだけだった。乳濁した黄褐色の水面には、ときおり渦巻きのくぼみが生じた。旅をする木がやせ衰えた骸骨と化し、流れにもまれて折れた腕を突きだすこともあった。川岸の下部は削られて崩れ、むきだしの傷跡から水に洗われた岩屑がなだれ落ちた。

川と、その水量の増減は、この地域一帯の脈打つ大動脈の役割を果たした。春になると川は大暴れした。大きな氷のかたまりが、転がり、ぶつかり、きしみあい、停滞した氷は数平方キロにわたる森に水を氾濫させた。春の洪水は、無数の沼地や、川の湾曲部にできた湖や、池に栄養分を供給した。あふれ出た水は、昨年の春以来よどんでいた水たまりを洗い流した。川が氾濫すると、タイガの大地は一面に氷河岩粉と岩屑で薄く覆われた。それらはミネラル分に富み、厳しい亜北極の環境によって土壌がやせ衰えるのを防いだ。

岸を激しく洗い、えぐり、削り、堆積させる川の作用によって、干潟や砂州や島が形成された。泥や砂が堆積して水面より高くなると、たちまち植物が進出した。まず初めにタヌキモの黄色いじゅうたんが現われた。つづいてウィローハーブの紫の花が群れになって広がった。つぎにヤナギがやってきた。最初はしなやかな小枝だったが、やがてうっそうと茂り、足を踏み入れられないほどの密林になった。びっしり茂った茎と幹がその後の氾濫流の速度を弱め、水中に浮遊するシルトを沈殿させた。砂州は成長して島になった。

のたうつように流れる川は、建設し、破壊した。むきだしの泥地、背の高いヤナギの茂み、トウヒの成木が茂るタイガ——流域ではさまざまに変化する大地を見ることができた。

ヤナギの茂みにはムースが集まり、葉や柔らかな小枝をむしりとった。この一帯の植生は「ローブッシュ・ムース」の異名をとるカンジキウサギには地上の楽園だった。ウサギたちはヤナギの木立を特に好んだ。匂いによってしるされたカンジキウサギの通路は、ヤナギの木立をぬうように走り、そこがかつて川底だったことを示すスゲの茂みをまっすぐ突っきり、トウヒの成木の下で分岐して環状のネットワークを作った。

森の端の小高い土手からは、スゲの茂る沼地とその先のヤナギの木立が見下ろせた。その土手の小さな暖かい日だまりに、毛皮のかたまりが転がっていた。かたまりの一方の端が頭の形になり、もちあがって、眠たそうにあたりを見まわしたかと思うと、ふたたび暖かいコケの上に落ちた。頭にはとがった耳がついていた。耳は正面が灰色で裏は黒く、黒い毛のふさが上に向かって突きだしていた。顔は白く長いひげにふちどられていた。眠たそうに湿地を見まわした目は、大きく、金色に澄み、好奇心に満ちていた（鋭く射抜くような視線を指す「オオヤマネコのような目」という表現を作った人は、本物を注意深く観察したことがなかったにちがいない。たしかにオオヤマネコの目は鋭いが、冷静な落ち着きと自信に満ち、無邪気といってもいいほどだ）。

哺乳類のなかで、大型肉食獣ほど脱力しきってくつろぐ動物はいない。骨がなくなったように見えるほどだ。このオオヤマネコも、しばらくのあいだ中身のない毛皮のようにだらりと横たわっていた。やがて起きて立ちあがると、丸めた舌を見せて大あくびをしながら悠々と伸びをした。体重は十五キロほどあったが、すらりとした長い脚に支えられているため、体は不釣合いなほど小さく見えた。脚の先には、これまた不釣合いなほど大きく丸い足があった。足はふんわりした毛に覆われていかにも柔らかそうだったが、その内側には鋭く反ったかぎ爪がしまわれていた。オオヤマネコはもう一度伸びをすると、短い尾をひと振りして、そっと立ち去った。体の各部分はそれぞれに不釣合いだが、ひとたび動きだすと、なめらかに制御された力がよどみない調和を見せた。

オオヤマネコのメスは、しわがれたうつろな声で「ニャー」と鳴いた。その声はオスのイエネコそっくりだった。その声がしたとたん、森じゅうがいっせいにざわついた。親そっくりの小さなオオヤマネコが二頭、弾むようにメスに向かってきた。メスは脚をまっすぐ伸ばしたまま、軽く走って遠ざかった。子はたちまち誘いに乗って、母親にとびかかった。三頭はひとかたまりになり、灰色と茶色と白色の毛の球と化してもつれあいながら転がった。やがて子の興奮が度を超すと、メスは警告するようにうなり、子は母親の脇腹からすべり落りた。子はまだ幼かったが、親のうなり声の意味は理解していた。子ははしゃぐのをやめ、黙々と足をなめて毛づくろいをはじめた。これは転位行動(相対立する衝動の拮抗の結果現われるまったく別種の行動)と呼ばれるものだ。

メスは立ちあがり、用心深く頭を下げて歩きだした。先端の黒い尾がかすかに震えている。メスのこのそぶりは、狩りの興奮に伴うものであることを子どもたちは知っていた。子どもたちはすぐに立ちあがってあとを追い、二十メートルほどあいだを置いてメスの左右に一頭ずつついた。夏の初めには子は四頭おり、オオヤマネコの一家は堂々たる隊列でタイガを席巻した。だが、一頭はワシミミズクにさらわれ、もう一頭は、川に突きだしたトウヒの幹を駆けのぼった拍子に足を滑らせて、川に流されてしまった。

オオヤマネコは流れるような筋肉の動きを全身にみなぎらせ、弾むように前進すると、大きなシラカバの倒木にとび乗った。頑丈な樹皮の内側は空洞になっており、オオヤマネコの足裏の蹠球《しょきゅう》が当たると音が反響した。メスは前脚を伸ばし、三日月刀のような大きなかぎ爪を丸太に打ちつけた。そしてかぎ爪を手前に引き、樹皮をひき裂いた。オオヤマネコは弾むように丸太の上を進み、大きくひと跳びすると、しゃがみこんで動きを止めた。力と喜びから生まれる跳躍は、オオヤマネコの存在の一部に深く組みこまれていた。じつはこの動きは、カンジキウサギを捕るための進化的適応のひとつだった。オオヤマネコが突然跳ねると、ひっそり身を隠していたノウサギがあわててとびだすことがあった。あるいは激しく動いたあとに姿を消したように静止すると、ノウサギのほうが好奇心に負けてじっとしていられなくなり、不穏な動きのもとを確かめようと、用心深く体を起こしてあたりを見まわすことがあった。いずれにしてもノウサギのカムフラージュは見破られ、そこにオオヤマネコがとびかかった。

数分のあいだじっとしていたオオヤマネコは（子どもたちも大人の手本に従っていた）、歩きだした。メスは向きを変え、背の高いハンノキの茂みを抜け、傾いた幹の下にある穴をのぞきこんだ。いきなり身を躍らせて高く跳びあがったかと思うと、まだ成鳥になりきっていないハリモミライチョウを捕まえた。ライチョウはあわてて飛びたとうとしたが、一瞬の差でまにあわなかった。オオヤマネコは翼をばたつかせる鳥を前足で押さえつけ、頭をかみ砕いた。

子どもたちは母親に駆けより、まだ震えている死体を奪いとった。二頭の子は死体に食らいつき、うなりながら引っぱりあった。母親は自分の前足の毛を忙しくなめて掃除した。毛づくろいが終わると、足で顔と耳をぬぐい、吐きもどし、くちびるをこすって、口に残ったライチョウの羽根をとり除いた。メスは立ちあがって狩りをつづけた。やがて子どもたちは食料の奪いあいに自分たちで決着をつけ、メスのあとについて移動した。

タイガの夏は終わった。アスペンとシラカバの葉は黄金色になった。子どもたちは成長して成獣並みの大きさになったが、まだ足ばかりが目立った。彼らは真剣な狩りの最中にも、舞いおちるアスペンやシラカバの葉に気をとられることがしばしばあった。落ちてくる葉を捕まえようとして一頭が跳びあがると、もう一頭がその子にとびかかった。子どもたちは狩りの一員としての務めを忘れて、ふわふわした毛のかたまりになって転げまわった。夜は冷えこみ、夜明けの空は淡橙色と黄色のパノラマに染まった。湿地の草とスゲは霜で凍り、トクサは黄色くなった。太陽が昇ると、黒々とした円錐形のトウヒのあいだから光が射しこんだ。池や川の湾曲部にできた湖の黒くなめらかな水面からは、水蒸気の柱がゆらゆら渦巻いて立ちのぼり、太陽の光を反射した。太陽が空高く昇るまで、水蒸気の柱が蒸発して消えることはなかった。

オオヤマネコのホルモンは、昼が短くなったのを感じて新しい毛を成長させた。被毛が長くなり、色が薄くなったせいで、体がふくらんで重くなったように見えた。足裏と側面の剛毛は長くなり、足は一段と大きく見えた。

亜北極に小春日和が訪れ、空気は乾燥し、あたりは黄金色に輝いた。昼間の時間はますます短くなった。太陽エネルギーの急激な変化によって低気圧の区域が北に張りだし、さらに冷たい空気にぶつかった。雨がタイガに降りそそいだ。葉柄《ようへい》の離層（植物の葉の葉柄の基部にある特殊な細胞層。この層は弱く、葉柄はこの部分で折れて落葉する）は弱まり、鈍い黄色になったアスペンの葉が森の湿った地面に重く落ちた。

ヤナギの茂る平原を進むオオヤマネコの一家に、雨が細かい水しぶきになって降りそそいだ。オオヤマネコは、池や川を渡るときにはためらいなくとびこんで泳ぐが、水滴がたえず垂れてはねかかるのは我慢できなかった。とりわけ成獣は耳が濡れるのをきらった。メスは勢いよく頭を振り、座りこんで、長く突きだしたふさ状の耳の毛を前足でこすって乾かそうとした。ふだんは冷静な気性のメスもついに耐えきれなくなり、川の浸食によってできた崖にある隠れ場所に引っこんだ。イワダレゴケともつれた根が、入口の縁からカーテンのように垂れさがっていた。メスは毛をなめてきれいにすると、足を体の下にしまって、雨に濡れる外の世界を眺めた。子どもたちも隠れ場所に入り、母親にすり寄ろうとした。だが母親は威圧するようになって前足を上げた。子どもたちは隠れ場所の隅にひっこみ、自分で毛づくろいをした。そして彼らも足を体の下にしまって、川の流れを静かに眺めた。

秋が深まると、濡れた草木は凍結して繊細な格子状になり、わずかな動きにも音をたてた。オオヤマネコがノウサギを狩るのはもはや不可能に近かった。少しでも動くと、チリン、クシャ、シュッという音がたつからだ。音をたてずに動くのが本能の重要な一部である動物にとって、このような状況は耐えがたく、つらいものだった。オオヤマネコの一家はできるかぎりじっとしていた。彼らは飢えに苦しんだが、ハタネズミのほうが凍結の影響を強く受けたので、最悪の事態だけはまぬがれた。暖かい巣穴に冷たい雨がしみこんで逃げだしてきたハタネズミなら、オオヤマネコの子でも捕まえられた。一匹のハタネズミはほんのひと口にしかならなかったが、数が集まれば命を保つことはできた。

ようやく雪が降った。アピが積もるとオオヤマネコは大喜びで転げまわった。これこそ彼らの世界だった。親は頻繁に子どもたちととっ組みあいをして新雪のなかを転げまわり、転びながらついてくる子を従えて、跳ねるように走りぬけた。氷に覆われたやかましいトクサは今ではすっかり雪に隠れ、オオヤマネコはヤナギのあいだを音もなくすべるように移動できた。森では木に積もったクウェリが音の伝達を妨げ、オオヤマネコの鋭い聴覚は最大限にとぎ澄まされた。

子どもたちの狩りは上達した。どちらの子も自力でノウサギを捕まえられるようになったが、ひとり立ちするまでには学ぶべきことがまだたくさんあった。それでも隊列を組んでヤナギの茂みを通りぬけるオオヤマネコの一家は、堂々として力強かった。

先頭を跳ねるように進んでいたメスが、突然、動きを止めた。長い毛の突きだした耳がかすかな音を捕らえた。一枚の枯れたヤナギの葉が幹をこする音だった。メスの頭がゆっくりうしろを向いた。大きな黄色い瞳がクウェリでたわんだヤナギの下にある穴をじっと見つめ、黒い瞳孔が広がった。子どもたちは親をまね、同じように期待に満ちた態度で動きを止めた。母親はヤナギにとびかかった。すると白いノウサギが

雪の結晶を蹴散らしてとびだし、全速力で逃げ去った。オオヤマネコはあとを追った。長い脚のおかげで、逃げるノウサギとの距離はしだいに縮まった。ノウサギは身をかわし、親の横を走っていた一頭の子のまん前を突っきった。子は向きを変えようとして滑り、ヤナギに激突した。ヤナギに積もったクウェリが子の上にどさりと落ちた。母親は、大騒ぎしてもがく子をとび越え、ノウサギとの距離を縮めた。ノウサギがつぎに身をかわす方向を予測し、かぎ爪を大きく開いてとびかかった。大きなかぎ爪に突きさされたノウサギは悲鳴をあげ、足をばたつかせた。オオヤマネコの牙が頭蓋骨を砕き、ノウサギは体を震わせて絶命した。

亜北極は本格的な冬に向かった。空からは空気を含んだ軽い雪が降って、アピの層は着々と厚みを増した。地面にも軽く柔らかな雪が積もり、ノウサギでさえも沈みがちだった。ノウサギの通路は踏みかためられ、周囲の雪面から十センチほど陥没した。モップのような足のオオヤマネコも雪で動きが緩慢になり、ノウサギの通路を利用するようになった。

このような白く沈みやすい世界で狩りをするには、待ち伏せが一番だった。オオヤマネコの親子は、低く揺れる枝の下のカマニックに身を伏せ、何時間も待ちつづけた。ときには二日以上たっても一匹のノウサギもやってこないことがあった。オオヤマネコの一家はふたたび隊列を組んで狩りに出たが、成果はあまり上がらなかった。ノウサギのほうが雪に沈みにくいので有利だったからだ。オオヤマネコは、追いかけたノウサギの半分もしとめられなかった。

オオヤマネコはやせ細ったままだった。じつは、やせていることはオオヤマネコの優れた特徴のひとつだった。自然淘汰の結果、彼らの体重とそれを支える足の大きさは、雪の密度に対してちょうどよく調節されていたのである。一般に、食料不足、とりわけそれに寒さによる身体的ストレスが加わった状況を生きのびるには、体脂肪の変換という生理的方法がとられる。だが、タイガで生きる哺乳類のなかには、かわりに物理的適応を獲得した動物がいる。むりやり代謝率を上げて体温を維持するのではなく、きわめて効果的な断熱材に頼るようになったのである。オオヤマネコの長く分厚い被毛は、よほどのことがないかぎり寒さを遮断できるので、体脂肪は不要だった。一匹も獲物を捕らえられない日が数日、さらには一週間つづいても、命に別状はなかった。

今年はオオヤマネコにとっても雪が多く、アピは着々と深さを増した。だが、大型の北極高気圧がタイガ上空にどっしり停滞すると、空気の乾燥と冷えこみが厳しくなった。アピ最上部の氷の結晶から水の分子が昇華し、積雪の最下部ではプカックが形成された。両者の力によって、アピはわずかに圧縮されて沈下した。

雪上のノウサギは、これまでのように前回食べた部分の上にある新鮮な樹皮を手に入れられなくなった。ノウサギは新鮮な樹皮を求めて近くの茂みに移動した。雪の降らない日がつづき、アピはさらに沈下した。ノウサギたちはうっそうとした極上のヤナギの茂みを離れ、手つかずの茂みに移動するしかなかった。それらの茂みは幹がまばらなうえに周囲にはなにもなく、たどりつくには開けた場所を走りぬけなければならなかった。

圧縮によってアピの表面は締まり、ノウサギは通路網以外の場所も自由に動けるようになった。雪の上にはノウサギの足跡がいたるところに広がった。オオヤマネコの一家はノウサギをより確実に捕らえられるようになった。隊列を組んだオオヤマネコは、ヤナギの木立や雪に覆われた開けた砂州を通り、断崖を登り、トウヒの成木の茂る森を進んだ。凍結して広い雪原と化した川にも進出し、氷丘脈から崩れおちた滑りやすい氷のかたまりを乗りこえながら横断した。このような大がかりな遠征に出ると、親も子も緊張して頻繁に排尿した。五百メートルから千メートル進むたびに排尿した。雪の表面に残された黄橙色のしみは、オオヤマネコの一家のなわばりを示していた。なわばり内を縦横に移動する距離は、一昼夜でおよそ八キロにおよんだ。

どんな干ばつにもかならず終わりがあるように、雪の降らない日々も終わるときがきた。雪が降り、積雪が増すと、オオヤマネコはうっそうとしたトウヒの下に避難した。腹を満たして暖かい雪洞にここちよくおさまったオオヤマネコは、長い眠りに入った。降りしきる雪に包まれて、タイガの世界は単調な灰色の渦に溶けていった。

大雪を降らせた気団は、冷たく乾いた濃密な空気のドームに押されて東へ移動した。大気の変化を感じてオオヤマネコは目を覚ました。雪洞の出入口をふさいだ新雪をかきわけて外に出ると、あたりの世界は一変していた。一面に足跡の広がっていた雪面の上に、空気を含んだ軽い雪が十センチほどゆるやかに積もっていた。枝はクウェリの重みで低くたわみ、カマニックは深くなり、切りたった壁に囲まれていた。夜空は晴れわたり、月光が無数の氷の結晶に反射して輝いた——アピだけでなくクウェリも輝き、さらには空気中の結晶も輝いて、きらめきながら舞いおちた。まばゆい月光に照らされて、影の黒さがひときわ増した。

縦の裂け目のようなオオヤマネコの瞳孔が広がり、黄色い部分がかき消された。メスの耳から突きだした毛のふさが震えた。その耳は、タイガの生命が発するほとんど聞きとれないほどの鼓動をとらえていた——キンメフクロウのかすかな声、興奮したアカリスの遠い声、ムースがヤナギの茂みを砕く音。オオヤマネコも口を大きく開け、ひと声ニャーと鳴いた。震える声は遠くまで届いた。そのとき、オオヤマネコの体に緊張が走った。ノウサギの足が雪を蹴る振動をとらえたのだ。

オオヤマネコの一家は隊列を組み、長い脚を高く上げて影から影へ滑るように移動した。行く手にはきらきら輝く開けた雪原が広がっていた。月光のなかを白いものがひらりとよぎった。オオヤマネコは弾むように前進したかと思うと、ふと方向を変えた。別のウサギが視界にとびこんできた。また一匹、こちらからも一匹！　あたり一面が、突然、月光を浴びて跳ねまわる白い物体に埋めつくされた。オオヤマネコは座りこみ、じっと見つめつづけた。こんな光景を目にするのは初めてだった。

一頭の子が駆けだしてノウサギにとびかかった。狩猟本能に筋肉を刺激されて、母親もとびかかった。動きの鈍いほうの子もウサギをしとめた。

真夜中のノウサギの乱舞は、軽く柔らかな雪のなかを競いあって走る喜びに誘発されているように見えるが、実際には複雑に発達した行動メカニズムが積みかさなったもので、余剰個体を天敵にさらして調整するためでもあった。その夜、ノウサギを捕らえたのはこのオオヤマネコの一家だけではなかった。この一帯のあちこちで、ほかのオオヤマネコもノウサギをしとめ、ワシミミズクやカラフトフクロウやキツネも獲物にありついた。

空が晴れると、輝く月光だけでなく、大寒波もやってきた。熱は、乾燥したおだやかな大気から外宇宙へ刻々と流れていった。雪面だけでなく、ヤナギの幹も、トウヒの幹や葉も冷えこんだ。気温が氷点下四十八度を割ると、ノウサギはクウェリでたわんだハンノキやヤナギの下の雪洞にこもった。気温がここまで下がって乾燥すると、生物の体から発散される分子はほとんど伝達されなくなる。このためオオヤマネコは匂いのない世界を歩きまわることになった。頼りになる感覚器官は目と耳だけだった。だが、もともとオオヤマネコは嗅覚が鋭くなかった。これもまた、一年のサイクルのほとんどが厳しい寒さのなかにあるタイガに適応した結果だったので、嗅覚が利かなくてもキツネほど不利にはならなかった。

大寒波が過ぎるころには、子どもたちのノウサギ狩りの腕はかなり上達した。狙いを定めて追いかけたノウサギの三、四匹に一匹はしとめられるようになった。これは成獣とほぼ同じ成功率である。自立する力がつくと、単独で狩りをすることが増えた。ときには一日以上、単独で獲物を探しつづけることもあった。親と子が再会するとしても、習慣で親と同じ環状のルートをたどっていたからにすぎなかった。顔を合わせても、もう親が跳ねて子を追いかけっこに誘うことはなかった。たがいに跡をつけあってとびかかる複雑な遊びをすることはもはやなかった。今では子が近づくと、母親は歯をむいてうなり、子を置いて立ち去った。夜は日ごとに短くなり、メスのオオヤマネコのしゃがれたもの悲しい声がタイガに響いた。

母親に拒まれた一頭の子は、小さなトウヒの下のカマニックにもぐりこんで丸くなった。しばらくうとうとしていたが、突然、黄色い目が大きく見開かれ、背の黒い耳が小刻みに震えた。雪の表面を踏むかすかな音を聞きつけたのだ。来た！　待ち伏せ場所のすぐ横を白い閃光がよぎった。子はとびかかり、大きな足で白いノウサギを押さえつけた。ノウサギは悲鳴をあげた。オオヤマネコがその頭に噛みつくと、悲鳴はとだえた。

オオヤマネコは顔を上げ、くちびるについた血をなめとると、かすかに口をひきつらせ、満足げなうなり声をそっと漏らした。頭を下げてノウサギに歯を立て、まだ震えている死体をくわえて歩きだした。ノウサギの大きな足は横に垂れてひきずられ、雪の上に溝が残った。オオヤマネコはノウサギを断崖の上にひきずりあげ、大きなトウヒの下の隠れ場所に持ちこんだ。そこの雪は落下したクウェリのせいで固くなっていた。

オオヤマネコは熱い死体に鼻をすり寄せ、腹の皮に門歯で噛みついた。死体を足で押さえつけると、歯で腹をしっかりくわえた。そして鋭く引き、はらわたを裂いた。

オオヤマネコは湯気のたつ胃袋と腸と盲腸をわきに放り、腹腔内の血をなめた。頭を傾け、刃物のような裂肉歯で胸壁をぐるりと切り裂き、もろい肋骨を断ち切った。オオヤマネコは、死体を切り裂いたり引きちぎったりしながらむさぼり、あとには耳と細長い毛皮だけが残った。ノウサギの巨大な後足も、食べられないので捨てられた(実際、ばらすことすら難しかった)。オオヤマネコの食事のあとに残ったのは、これらの残骸と固く締まった雪に染みこんだ血痕だけだった。

子が独立し、オオヤマネコの一家がばらばらになったのとちょうど同じころ、突然、ハタネズミが雪の上に姿を現わした。二酸化炭素濃度の上昇のせいで、積雪下の回廊から追いたてられたのだ。ちょろちょろ走りまわるこの齧歯類なら、まだ不器用なオオヤマネコの子でもたやすく捕まえられた。

ある日の夕方、長い影がタイガを移動するころ、一頭のオオヤマネコの子が、遠くの雪の上に奇妙なものがいるのに気づいた。形はノウサギに似ているが、色はノウサギと違って濃褐色だった。オオヤマネコの子は、黒い尾を小刻みに震わせながら影から影へ流れるように動き、その生きものに忍びよった。あそこだ! その生きものの片方の耳が動いた。ノウサギにちがいない。オオヤマネコはしとめようと足を引きよせて構えた。だが、とびかかってみると、それはノウサギではなく、耳の長い若いムースの頭だった。生後一年目の背の低いムースの子で、雪中深く体を埋め、頭だけを出していたのだった。

ムースの子は騒がしく鼻を鳴らし、頭を激しくふりまわした。オオヤマネコの子はふり落とされ、ヤナギの幹に強くぶつかり、一瞬、気を失った。

つんざくような甲高い声が、オオヤマネコの耳にぼんやりと聞こえた。巨体が目に入ったときにはすでに、メスのムースは後足で立ちあがり、オオヤマネコにのしかかろうとしていた。先端のとがった巨大なひづめが振りおろされ、オオヤマネコの子の肋骨を砕き、脊椎をへし折った。オオヤマネコの生命はすでに失われていたが、興奮したメスのムースはくりかえし後足で立ちあがり、ぐちゃぐちゃになった血まみれの毛のかたまりを何度も何度も踏みつけた。しばらくしてようやく攻撃をやめたムースは、ふり向いて子を鼻先でやさしくなでた。ムースの親子はもつれたヤナギを押したおして去っていった。

狩りの王者

太陽は年軌道をたどり、薄青い大空の天頂近くまで昇るようになった。太陽が地平線の下に沈まなくなってから一週間が過ぎた。さらにこの先一週間は視界から消えることはないだろう。太陽の下に広がる北極圏には樹木が一本もなく、どこまでも平行につづく山なみと草の茂る湿地帯がゆるやかな起伏をなして広がっていた。六月末になっても湖には氷が張っており、湿地帯や峡谷の多くは雪に覆われていた。この雪は、ツンドラの冬に見られる風の彫刻のような固い雪ではなく、そのなごりだった——足で踏むと崩れる、重たく濡れたざらめ雪だった。

地表では、熱を吸収する砂利山と熱を反射する雪の土手が変化に富んだ模様をなしており、地表に反射した太陽の熱がゆらめく波となって立ちのぼると、奇妙な蜃気楼《しんきろう》が生じた。遠くの丘が鋸《のこぎり》状の壁や塔に姿を変えて地平線に浮かび、沈んで視界から消えたかと思うと、また姿を変えて浮かびあがった。

砂利山の尾根に一頭のメスのオオカミが姿を現わした。鋼《はがね》色の被毛はぼろぼろにすりきれ、長い冬毛が大きなふさになって垂れさがっていた。口には死んだジリスをくわえていた。オオカミが早足で尾根を越えると、だらりと下がったリスの尾が揺れ、オオカミのやせた脇腹から垂れた長い冬毛のふさも一緒に揺れた。メスは授乳の代謝のために体力を消耗してやつれていた。ジリスの死骸もやせこけていたが、わずかな肉でも多少は子の腹の足しになるので、乳を求めて鼻先をすり寄せてくる頻度を減らすことができた。

オオカミのはるか前方には、平行につづく山なみと湿地からなる風景を破るように小高い尾根がそびえていた。尾根はうねうねとくねりながら蜃気楼に震える地平線につづいていた。尾根は砂利ではなく砂で、切りたった斜面のところどころに隙間があった。しみのように見えるのは、その隙間に守られて生えている、ねじれた小さいシラカバやヤナギだった。このような尾根はエスカーと呼ばれ、それほど遠くないむかしに地面が巨大な大陸氷河にこすりとられてできたものだ。大陸氷河が停滞し、融解すると、おびただしい量の融水が巨大なクレバスを勢いよく流れた。水は砂を巻きあげ、クレバスを埋めた。堆積した砂は蛇行しながら数十キロにわたってつづき、エスカーになった。この地面は掘りやすく、オオカミのつがいの巣穴もエスカーにあった。その巣穴はもともとホッキョクギツネが掘ったものだったが、オオカミが何世代もまえから横どりしていた。繁殖期のたびに最初の巣は拡張、改築され、今では狭いトンネルといくつもの出入口からなる迷宮と化していた。毎年、成獣は巣のほんの一部しか使わなかったが、子どもたちはトンネルじゅうを自由に動きまわった。

灰色のメスは、砂利山の最後の尾根を早足で越えると、ふと進路を変えた。巣を遠巻きに迂回し、風下になる地点に立ってから、風上に向かって進みはじめた。巣にたどりつくと、のどをくっくっと鳴らした。それに応えて子がいっせいに甲高い声で鳴き、巣の出入口から毛のかたまりがとびだしてきた。かたまりは五頭の子に分かれ、はしゃいでメスに駆けよって体によじのぼり、口にくわえたリスを引っぱった。メスが放したリスを二頭の子が奪い、さっそく口にくわえて振りまわした。残りの子は鼻先でメスの口や頭をつつき、分厚いのどの毛をなめたり噛んだりした。メスは首を伸ばして頭を下げた。脇腹が波打ち、ジリスの死骸がさらに三匹吐き戻された。

今回の狩りはうまくいった——浅くて簡単に掘れるジリスの巣穴が見つかり、しかも子リスだけでなく成獣もいた。こんな幸運に恵まれることは珍しかった。ときには口も胃袋も空のまま巣に戻ることもあった。あるいはカリブーの子の古い死骸がほんのひとかけらだけということもあった。つがいのオスも根気づよく狩りをつづけていた。たいていオスは、自分の捕ってきた分を子どもたちに見つからないように巣から少し離れた場所に隠した。オスの隠した獲物はメスの食料になった。

この二日、オスの姿が見えなかった。メスは不安になり、落ち着かなかった。子はすっかり大きくなって、巣穴を離れる母親についてくるようになった。悲鳴をあげるほど強く噛まなければ巣に戻ろうとしなかった。そこまでされても、子どもたちは母親が戻ったのに気づくと、巣穴から四百メートルも出てきて迎えた。メスは巣穴に戻らなければという意欲を失っていた。メスの落ち着きのなさは、一年のサイクルのつぎの段階が近づいているしるしだった——オスと子とともに集団で狩りの旅に出たいという衝動が高まっていたのである。

オオカミの子はリスを平らげた。満腹と暖かい太陽が効果を現わしはじめた。子どもたちはみなだらりと寝そべり、見るからにくつろいでいた。暖かい太陽にメスも眠気を誘われ、少しずつ頭が垂れた。しまいにはメスも横になり、体いっぱいに太陽の熱を浴びた。

子どもたちは熟睡したが、メスは頻繁に目を覚まし、頭を上げて地平線を見わたしてはふたたび横になった。何度目かに顔を上げたとき、遠くの尾根にちらりと白いものが見えた。メスは即座に体を起こし、じっと目をこらした。白く大きいつがいのオスだろうか、それともカリブーだろうか。この時期、カリブーの毛は色あせてすりきれ、遠目には白い動物のように見えることがあった。

だが、あの輪郭と動きはカリブーではなく、オオカミのようだ。メスは立ちあがって伸びをすると、眠っている子どもたちを起こさないように静かに外に出た。巣穴から離れるとメスは早足になり、いつもオスと落ちあう獲物の隠し場所に向かった。

白く大きいオスが近づいてきた。体は薄汚れ、軽く脚を引きずっていた。じつは前日、増水した川を泳いで大きな流氷のかたまりに激突し、岸に押しつけられてあやうく命を落としかけたのである。なんとか逃れられたのは、流氷のかたまりが運よく向きを変え、オスが懸命にもがいたからだった。オスは脚と脇腹の痛みがおさまるまで、動けずに丸一日近く横たわっていた。

近づいてきたオスの尾が上がった。それを見たメスは頭を下げ、踊るように横に跳ねながらオスに近づいた。そしてオスのまえであおむけに転がり、両前足をオスの肩にかけた。これはオオカミのつがいの伝統的なあいさつの儀式だった。二頭のオオカミは巣穴に戻り、白いオスは倒れこむように横になると、伸びをして、眠りについた。メスは巣穴の上の小さな土手に腹ばいになり、足に鼻をのせて見守った。

子が成長するにつれ、オオカミの一家は狩猟部隊としての力を増した。まもなく子は乳離れし、メスは授乳による消耗から解放されて肥え、被毛もつややかになった。

ツンドラに夏が訪れ、食料が豊富になった。多くの生きものが子育てのためにツンドラに移動してきた。ツンドラの生物数が最大に達する時期は、オオカミが食料を余分に必要とする時期でもあった。レミング、ハタネズミ、ホッキョクウサギ、カリブー——どの動物も一年のこの時期に個体数が最大になった。個体数の数学には非情な法則があり、これら多量の余剰個体は、つぎの繁殖期までに親の代替分を除いてすべて犠牲になる定めになっていた。余剰植物は、レミングとハタネズミとホッキョクウサギとカリブーの犠牲になった。レミングとハタネズミとホッキョクウサギとカリブーの余剰個体は、ホッキョクギツネとイタチとオオカミの犠牲になった。そしてかならず最後には、バクテリアと腐敗微生物がすべての犠牲を受けいれ、サイクルが完結した。

ツンドラの生態系は、この複雑にからみあった関係によってなりたっている。この関係がもろいものであるのはあきらかだ。ツンドラに供給される年間エネルギー量はきわめて少なく、熱帯雨林とは対照的に比較的わずかな種のあいだで分配される。このためひとつの種の個体数の乱れは、熱帯雨林の場合よりもはるかに大きな影響をおよぼす。しかも生態系が受けた傷の修正や回復は遅い。多くのツンドラの動物は、生態系に恒久的なダメージを与えないメカニズムを発達させてきた。レミングとハタネズミの個体数は定期的に「激減」し、食料を食いつくして生息圏を回復不能なまでに破壊するのを防いでいる。

カリブーは別の方法でこの問題に対処している――季節移動である。冬一番の嵐でツンドラがふたたび固い雪に覆われると、カリブーは柔らかい雪のある地域へ移動する。カリブーを狙うオオカミも、彼らとともにタイガに移動する。

見渡すかぎりなにもない土地が広がるツンドラに順応した生きものにとって、極北の針葉樹林帯タイガは怖ろしい場所だった。オオカミの子の上には木々が高くそびえ、押しつぶされそうな圧迫感を与えて視界をさえぎった。襲いかかる匂いの世界はまったくなじみがなかった――トウヒ樹脂、シラカバの樹液、アカリス、ハリモミライチョウ、ムース。あの巨大なムースときたら！　なんて怖ろしい生きものなのだろう。

一頭のオオカミの子は、生まれて初めてムースに出くわして、あやうく命を落としかけた。凍結した沼地の狩猟路を単独で探検していたとき、嗅いだことのない匂いが流れてきた。オオカミの子は向きを変えてその匂いを駆け足でたどった。突然、巨大なオスのムースが目のまえに立ちはだかった。手を大きく開いたような堂々たる枝角、広がった巨大なひづめ、のどから絞りだされる荒い息。オオカミの子は突進してくるオスのムースをよけようとあわててとびのいた。オオカミの子が体勢をたてなおす間もなく、ムースは猛烈な努いで向きを変え、ふたたび突進してきた。オオカミの子は逃げた。よほど狩りに熟達しているか、どうしようもなく腹をすかせているのでなければ、恐るべき巨獣の動きを妨げる深い雪や固い雪の助けがない状況で、こんな危険なひづめにたち向かおうとするオオカミはいない。

冬が近づいた。オオカミの一家にとって、亜北極のタイガは北極圏の草原地帯よりも狩りが難しかった。たしかに森なら身を隠して忍びよることができるが、積雪は深く、柔らかかった。カリブーは、オオカミが足をとられるような深い雪でもたやすく移動できたが、それでも森のなかは不安で落ち着かなかった。このためどちらも、なるべく先祖伝来の生息環境に近い場所に戻った。カリブーは、良好な足場と視界の得られる、風にさらされた開けた湖で休んだ。走行性の動物であるオオカミも、できるだけ足場と視界のよい湖を通った。

オオカミの一家は、白いオスを先頭に、一列になって雪の上を早足で進んで湖に出

た。風にさらされて固くなった雪を乗りこえると、湖で休んでいたカリブーの群れがいっせいにこちらを見た。カリブーはじょうご状の耳を傾け、鼻孔を大きく開いて油断なく警戒しながら、立ちあがってオオカミと向かいあった。オオカミの影は湖上をゆっくり遠ざかっていった。カリブーは警戒を解いた。数頭はふたたび横になり、反芻《はんすう》動物の終わりのない仕事、食い戻しの咀嚼に戻った。危険を告げる刺激が感知されなかったので、消化をつづけてよいと判断したのである。オオカミの影は湖のむこうの森に消えた。

この一週間、オオカミの一家はうっそうと茂るトウヒの木立を作戦基地にしていた。オオカミたちは木立の雪を踏み固め、付近の湖に通じる道を作った。雪を掘って解かし、もっとも茂ったトウヒの下に寝穴を掘った。

一頭の子が目を覚ました。立ちあがって体を伸ばし、ゆったりとあくびをした。この子もきょうだいも、大きさの点ではもはや子どもには見えなかった。実際、すでにたいていのそり犬よりも大きく、足は犬の二倍はあった。けれども狩りの能力はまだ未熟で、とくに複雑で微妙なオオカミの社会行動においては、一人前にはほど遠かった。

子は大きな白いオスににじりより、目のまえで腹ばいになった。白いオスは片目を開け、のどを鳴らした。子は尾をばさりと振った。オスのこの反応は、眠いときのあいさつにすぎないことを子は知っていた。本気で警告するときは、声音と響きがわずかに異なる。子は前足を伸ばしてオスの首毛にそっと爪をかけた。オスは口を開けて子の足をくわえ、強くのどを鳴らした。子はかまってもらえて有頂天になり、あおむけに転がってもう片方の足を伸ばし、オスの首の反対側の毛をつかんだ。大きなオスは伏せたまま子に近寄り、くわえていた足を放して首毛をかむと、鋭くのどを鳴らしてそっと揺すった。子は急に悲鳴をあげた。首毛はまだ成獣ほど分厚くなかったからだ。オスはすぐに放してやり、立ちあがって体をすみずみまでふるわせると、伸びをした。そして鼻先を上げ、口を軽く開き、そっと吠えた。すぐに子どもたちと鋼色のメスがみな立ちあがった。体をふるわせて伸ばし、鼻を触れあわせ、尾を振り、大騒ぎになったが、やがて一頭ずつためらいがちに吠えはじめ、全員が声を合わせた。

これを「吠える」と呼ぶのは貧しい表現だ。「歌う」のほうがふさわしいが、この語には人間の主観による言外の意味がつけ加えられている。われわれの言語では、なわばりを守るオスのルリツグミの好戦的なさえずりは「歌う」と表現するのに、オオカミが幸福感を表す声には「吠える」という表現しか使わないのである。

「歌う」儀式がすむと、白いオスはすぐそばにいた子をとび越え、踏み固めた道を跳ねていった。メスと子はみなあとにつづいた。一頭の子がわきにそれて、雪面に開いたネズミの通気口を嗅いだ。メスが子の足を噛んだ。子はあわててとびあがり、道に戻った。今は真剣な仕事の最中で、ネズミのような小さな獲物を相手にしている場合ではなかった。

尾根に登ると、雪に覆われた大きな湖が眼下に白く広がっていた。湖上では数群のカリブーが休んでいた。どの群れも雪が風にさらされて固くなっている沖のほうにおり、風から守られた柔らかい雪が深く積もっている岸辺近くには一頭もいなかった。

大きな白いオスが獲物に忍びよりはじめた。「忍びよる」といっても、オオカミの場合は忍び足で歩いたり這ったりするわけではなく、ただ一歩ずつゆっくり進むだけだった。忍び足や腹這いは、オオヤマネコのような待ち伏せが得意な動物のすることだ。オオカミは走って獲物を追う動物だった。

オオカミの集団は湖上に出て、岸に近い柔らかな雪をかきわけながら進んだ。一頭のカリブーのメスがさっと顔を上げ、刺激を感知する器官を——目と耳介と鼻孔を——オオカミのほうに向けた。カリブーの感知した影が発する刺激は閾値に迫り、メスは後脚を片方突き出した。すぐに群れのほかのカリブーもメスのそわそわしたようすに気づき、いっせいに感覚器官を同じ方向に向けた。

オオカミたちは着々と前進した。最初に気づいたメスのカリブーは、ほかのカリブーよりもあきらかに反応する閾値が低かった。メスはうしろ脚を立てて立ちあがり、背を向け、跳ねるように数歩遠ざかると、軽快な早足で走りだした。残りの群れも弾けるようにメスにつづき、あとにはとび散る雪と吐く息の水蒸気が筋になって残った。カリブーが逃げだすと、すぐにオオカミも走りだした。大きく白いオスはまもなく速度をゆるめたが、子どもたちはそのまま突進しつづけた。このように一頭も遅れることなく一団となって逃げるカリブーの群れには、どんなオオカミも追いつけない。そのことをオスははるかむかしに学んでいた。だが、子どもたちはその基本的な事実をみずから経験して学ぶ必要がある。オスは安定した早足に戻り、メスもそれにならった。

二頭の成獣のオオカミが湖を渡りきり、つぎの山をかなり登ったころに、ようやく子どもたちが戻ってきた。どの子も息を切らし、体からは湯気が立ち、舌はだらりと揺れていた。子の体から余分な熱が放散されると、被毛の温度は徐々に元に戻り、霜点に近づいた。子の体が急に白くなった。長い粗毛の先が霜点に達し、体から出た水蒸気が結晶したためだ。

二頭の成獣は空気中のカリブーの匂いをたえず探りながら早足で進んだ。風向きによって近づく方法を変えながら、いくつもの山を登り、峠を越えた。カリブーの足跡に出会うたびに鼻を寄せ、匂いの新しさを確認した。

これは欲求行動の表われだった。獲物を探し、強く求めるこの欲求は、捕食という完了行動がなければ満たされない。腹をすかせた子の姿と声が刺激を強化し、オオカミの親は欲求行動の刺激をひときわ強く感じた。

オオカミたちが別の湖に着いたときには、太陽は南の地平線上を滑るように沈みかけていた。湖上にカリブーの姿はなかった。カリブーたちはすでに休息と反芻のサイクルを終え、森に戻って休みなく餌を探していたからだ。雪に残った休息跡のくぼみには匂いが強く残っており、粒状の糞はまだ凍っていなかった。強い匂いに興奮して、一頭の子が甲高い声で小さく吠えた。

オオカミの親は大きく跳ねるように走りだし、湖畔のヤナギの茂みを軽やかに通りぬけた。前方にカリブーの姿が見えた。やはり警戒した目と耳がこちらに向いていた。だが、今回は警戒姿勢のままようすを眺めることはなかった。カリブーたちは後脚を突きだし、即座に背を向けて逃げだした。一頭の大きなオスが逃げ道の選択にとまどった。その一瞬のためらいが運命の歯車を狂わせ、自然淘汰の球をそのオスのスロットに落とした。その一瞬のためらいが——刺激に対して即座に反応するか、わずかに遅れて反応するかの違いが——誘引となって完了行動が解発（同種の動物の間で、一定の要因が特定の反応や行動を誘発すること）され、オオカミは追撃を開始した。

追撃はすばやく荒々しかった。カリブーとオオカミはヤナギをなぎ倒して走った。大きく白いオスはわきにそれ、大きくジャンプした。オスはカリブーの肩に襲いかかった。大きなあごが首に食らいついた。二頭はもつれあった。メスと子どもたちが同時にとびかかった。カリブーとオオカミはひとかたまりになって転がった。舞いあがる白い雪、激しく揺れる毛、光る牙。湯気とともに熱い血の匂いが漂った。カリブーは弱々しく脚を蹴り、やがて動かなくなった。自然淘汰が行われた。

オオカミにまつわる数々の民間伝承には、「オオカミは追った獲物をかならずしとめる」というテーマがくりかえし登場する。そう思われるようになった理由はつぎのように考えられる。オオカミは実際に、追った獲物をかならずしとめる。なぜなら成功する見こみが非常に高い場合しか追わないからだ。成功の可能性は出会ってすぐにわかる。足を引きずっている、方向転換が鈍い、反応が遅い——これらの「リリーサー（動物にある特定の行動を開始させる音、匂い、身ぶり、色彩などの鍵刺激）」がひきがねになって、柔軟に探し求める欲求行動の段階から、型の決まったきわめて効率的な完了行動の段階に移るのである。適切な刺激がなければ完了行動は解発されず、探し求める欲求行動が継続される。オオカミは「危険・刺激」複合を何度も示してから、ようやく適切な解発反応を示す。ひとたびこの反応が解発されれば、成功は保証されたも同然だ。

　狩りの成功を導く行動の連鎖を理解すれば、究極の肉食獣としてオオカミが果たす生物学的役割が一層明確にわかるだろう。すなわち「間引く」という役割である。

　この考えかたを裏づけるデータがある。遠く離れたふたつのカリブーの集団を比較したもので、一方は報奨金や毒や飛行機による狩りによって、長年オオカミから「保護」されてきた集団、もう一つは一年間だけ「保護」された集団である。その結果、足をひきずっていたり、一見して病気とわかるカリブーの割合は、「保護」度が高い集団のほうが「保護」度の低い集団の二倍に上った。この結果が示す遺伝上、進化上の意味はあきらかだ。これは自然淘汰を説明する素材である。

真冬のある日、凍結した湖を渡っていたオオカミは、白い雪に映える黒い物体に気づき、興味をもった。オオカミたちは進路を変え、調べてみることにした。近づいてみると、それは雪の上に突きだした二本の小さなトウヒだった。イヌ科の動物としては調べずに放っておくわけにはいかない。

カリブーの匂いが鼻孔を突いた。オオカミの成獣は静かに足を止めた――匂いだけでほかにしるしはないのか？　不完全な刺激のパターンに、大きく白いオスは警戒するようにのどを鳴らした。子のうちの三頭は戻って親たちと合流したが、残りの二頭は木に向かって駆けていった。木と木のあいだに匂いのもとがあった――カリブーの後半身が雪に埋まっていた。オオカミは獲物をかならず集団で食べるが、二頭の子は空腹と経験の乏しさゆえにその決まりを忘れ、凍った肉に噛みつき、食いちぎった。

親とほかの子は木の周囲をゆっくり回り、雪を嗅いで匂いを確かめた。油っぽい奇妙な匂いがかすかに感じられた。大きなオスは首毛を逆立たせ、のどを鳴らす声音が変わった。別の奇妙な匂いがオスの鼻孔を突いた。匂いはかすかだが不快な刺激があった。オスは尾を硬直させ、耳をうしろに倒し、横に数歩跳ねたかと思うと、背を向けて雪の上を猛スピードで走り去った。ほかのオオカミもあとにつづいた。だが、死体をむさぼっていた二頭の子だけは別だった。急な動きに顔を上げた二頭の子は、ひきつるようにうめいた。キニーネによる硬直性痙攣《けいれん》症で肋間の筋肉が硬直したのだ。二頭は体を強《こわ》ばらせ、雪の上に横向きに倒れた。あごの筋肉の緊縮によって歯が舌を貫き、ちぎれた舌から血が噴きだした。体から酸素が奪われ、眼球が飛び出した。数分後、筋肉が弛緩し、一頭の子が浅く息をした。かすかに息を吹きかえした子は懸命に上体を起こそうとした。そのとき、尾が激しくしなり、背骨が弓なりにそりかえった。ふたたび筋肉が緊縮し、硬直したのである。足先がぐっと縮んだ。窒息によって生命が絞りとられた。

二頭のオオカミが死んでかなりの時間がたった。雪上に転がるカリブーの肉を狙ってワタリガラスが舞いおりた。その肉を食べたワタリガラスもまた、長く苦しい死に至った。一羽のワタリガラスはよろよろ舞いあがり、森の上空を八百メートルほど飛んだところで力尽き、木々のあいだに落下した。一頭のキツネがワタリガラスの死体を見つけた。ワタリガラスをむさぼり食ったキツネは痙攣を起こし、雪に埋もれて死んだ。一頭のクズリが湖の上を跳ねてきて、毒をしこまれたカリブーを食べ、体をひきつらせながら雪をかきわけて森に入った。クズリはストリキニーネに驚くべき耐性

を示し、焼けつくような胃に苦しみながら四キロ近く進んだが、やはり死んだ。池に広がるさざ波のように、毒餌の置かれた場所から苦しみと死と破壊が周囲に広がった。

オオカミは、原始時代には北米各地で見られた——東部沿岸の落葉樹林にも、バイソンのいる大陸中部の大草原にも、南西部の山地や山間の砂漠にも、亜北極のタイガにも、北極圏のツンドラにもオオカミはいた。北米の原住民は、オオカミはライバルであり、狩りの王者であると考えて敬意を抱いた。しかも彼らは、すべての生きものは相互依存によって生きている事実を理解し、尊重してきた。これは重要なことだ。アラスカ・エスキモーには「イヌイット・ネリクガニャ」ということわざがある。おおざっぱに言えば「魚は魚を食べ、イタチはネズミを食べる。みな人間と同じだ」という意味だ。このような「エコロジカル・コミュニティ」という考えかたを白人がとりいれるようになったのは、ごく最近のことだ。

北米大陸は白人たちによって侵略された。彼らは複雑にからみあったエコロジカル・コミュニティという汎神論的哲学ではなく、「野の野獣すべてを支配する」というユダヤ＝キリスト教の考えを信奉した。この侵略は、やがて多くの有機体とシステムに破滅をもたらすことになった——ウミミンク、東部の落葉樹林、ウッドランドバイソン、ヘイゲンバイソン、風に強い大草原の芝、カリフォルニアグリズリー、リョコウバト。侵略にともなってオオカミの生息域は狭まっていった。初めのうちはオオカミに対する積極的な攻撃よりも、食料の消滅のほうが打撃が大きかった。オオカミが最後まで生息していたアメリカ西部では、白人の究極の武器が用いられた——毒である。毒はあらゆる動物の命を奪う。

そのむかし、集中的な食料生産がこの国の経済に不可欠だった時代には、開拓者の家畜の群れを守るために毒を使用することは正当化できたかもしれない。だが、食肉および肉製品の余剰が増大し続けている今日では、食肉生産にそのような手段を用いれば、国の病をいっそう重くするだけだ。さらに近年では「野生生物管理」に毒が用いられるようになったが、これはまさに生物学の基本に関する無知の蔓延《まんえん》を反映するものである。

今日では、狩りの王者は、主に北の大地、ツンドラとタイガにしか生息していない。それでも人間は彼らに対する攻撃をやめようとしない。

タイガでは昼の時間が長くなり、太陽がしだいに空高く昇るようになって、冬が古びていく。空気を含んで柔らかかった雪は、結晶化してざらめ雪になる。雪に動きをはばまれ、カリブーは落ち着きを失う。ある日、感覚が閾値に達する。雪の固さと密度があるレベルになると、押さえつけられていた衝動が解き放たれる——移動したい、歩きたい、ほかのカリブーの通った跡をたどりたい。タイガじゅうで、近づく春から逃げるようにカリブーが動きだす。移動の始まりだ。

オオカミの体内で生殖腺が成熟する。吠える儀式は新しい意味と新しい声音を帯びるようになる。いまオオカミたちは、まさに「吠える」のではなく「歌って」いる。大きく白いオスはふたたび鋼色のメスに求愛する。初めての春を迎えたオオカミの子は、体はすっかり成長したが、まだ性的には成熟していない。家族の絆《きずな》はいまも強く、来年の春、子どもたちがひとりだちするまで変わることはない。

オオカミもそわそわしはじめる。雪の上に散らばった針葉樹のとがった葉が気になる。カリブーの足跡は幅広く固い筋となって目のまえに広がり、オオカミたちを誘う。オオカミはカリブーとともに移動する。先頭に立つのは鋼色のメスだ。平行して連なる山なみと湿地からなる場所をふたたび訪れたいという強い衝動がメスを駆りたてる。地平線に蜃気楼が浮かび、砂の堆積した大エスカーがうねうねとつづくあの場所をめざし、オオカミは進む。

カリブーの一年

カナダ、ノースウェスト準州にあるビバリー湖の先には、細長い砂利山がどこまでもつづき、ところどころに浅い峡谷があった。木はまったく生えていなかった。ここはバレン・グラウンズ（不毛の平原）と呼ばれるツンドラ地帯で、ほぼたえまなく風が吹いていた。山の植生はアレクトリアと呼ばれる黒っぽい地衣類と、丈夫なスゲやイネ科の草の茂みと、風の当たらない場所に生える丈の低いラブラドルチャからなりたっていた。六月初旬、ここ北極地方は一日じゅう太陽の光に照らされていた。緯度は北緯六十五度、アラスカ州フェアバンクス、バフィン島ケープ・マーシーとほぼ同じだ。この地を支配していた冬はしぶしぶその手をゆるめつつあった。つぎつぎ襲う嵐のあいまに、つかのまの雪解けが訪れた。気温は氷点下二十度から零度のあいだで推移した。吹きだまりの雪は風に吹かれてたえず姿を変えた。

どこまでもつづく山の頂上付近に、ツンドラトナカイと呼ばれるカリブーの群れが休んでいた。すべて妊娠したメスで、出産を間近に控えていた。メスたちが風の吹きつけるこの丘に集まったのは本能による行動だった。ここなら風下を遠くまで見渡せたし、風上からの危険な匂いをもらさず嗅ぎつけられたからだ。吠える風が雪を吹きとばし、むきだしになった地衣類はカリブーの餌になった。出産のときが来たメスは、仲間から数歩離れて雪のない場所に移動した。子はすぐに生まれた。分娩に時間を費やす余裕はなかった。ツンドラトナカイの生きる環境は、ジャコウウシとコウテイペンギンに次ぐ厳しさだったからだ。

子は、わずか数分後にはふらつく足で立ちあがった。初めて立ちあがろうとしたときに風に転がされてしまうこともあった。子はメスの腹の毛を鼻先でつついて乳房を探し、生命を支える熱い乳を飲んだ。乳を飲むと子はまた座りこんだ。メスも横になって子を風から守った。

一時間ほどしてメスは立ちあがり、鼻先で子をつつくと、頭を低く下げて上下させた。この動きにつられて子は本能的に立ちあがり、メスのあとにつづいた。子はおぼつかない足であとを追い、たびたび転んだが、そのつど立ちあがって懸命に歩きつづけた。立ちあがれない子は、たちまち吹きつける雪に埋もれた。たくましい子はメスの頭部の上下する独特の動きに誘われて、早足であとを追った。メスは百メートルほど進むと立ちどまり、子に乳を与え、また横になって休んだ。休息、授乳、よろめきながらの前進という一連の動きは、数時間にわたってくりかえされた。子はこの筋肉活動によって乳を消化し、体熱を発し、生命を保った。動かずに雪の上で丸くなっていたら、吹きすさぶ風に体から生命の熱を奪われて死んでしまっただろう。

この荒っぽい扱いで、数時間のうちに生きるのに適した子とそうでない子が選別され、生きのびた子はさらに鍛えられて、早足でメスを追えるようになった。翌日には母親が走ってもついていけるようになった。

子連れのメスたちのまわりにほかのカリブーが集まり、子育ての群れを形成した。子育ての群れはしだいに北へ移動し、雪解けの進む低地を避けてより高い場所を目指した。ツンドラの雪が風に吹きさらされて固い岩状になっていれば、カリブーは安全に歩けた。だが、解けかけた雪は、踏むと沈んで足をとられた。深みにはまっても成獣なら抜けだせるが、子にはまだその力がなかった。柔らかい雪の土手にはまってしまった子は運が尽きたも同然だった。母親には助けてやる術《すべ》がなかった。母親はただそばに立って頭を上下しつづけるしかなかった。

メスは見知らぬ子は近寄らせなかった。メスにはそれぞれ警戒領域があり、移動すればその領域もついてまわった。見知らぬ子がうっかり近づくと、メスは特徴的な態度を示した——頭と首を突きだし、耳をうしろに倒し、上くちびるをめくりあげた。生まれたばかりの子でも、この態度は威嚇だと本能的に理解し、おぼつかない足どりで遠ざかった。子がぐずぐずしていると、メスは幅広く鋭い前足のひづめで何度も激しく蹴り、さらには枝角で突くことさえあった。

六月末になると、植物は冬の休眠状態から目覚め、新緑がツンドラのようすを一変させた。このころには、子はほぼすべての栄養を草を食べて得られるようになり、母親の乳はほんの数秒しか吸わなかった。

ツンドラの夏は猛烈な勢いで訪れた。池や湖にはハクガンとマガンの大群が風を切って舞いおりた。ツンドラの池という池に求愛する無数のコオリガモの声が響いた。ホッキョクギツネの子は、急斜面をなすエスカーの砂地に掘られた巣穴の出入口付近を転げまわった。ホッキョクウサギは、白くなめらかな冬毛が抜けて鈍く目立たない茶色になった。

ある日、子連れのカリブーの群れが大あわてで散らばった。二頭の子を連れたツンドラグリズリーが餌を求めて跳ねるように駆けてきた。大きく白いクマは機敏ですばやかったが、敏捷なカリブーの親子にはかなわなかった。クマはツンドラに転がるカリブーの子の死体の匂いを探しながら餌探しの旅をつづけた。クマのスピードには腐肉のほうが合っていた。

七月、太陽は頭上高く上り、真夜中になっても北の地平線にごくわずかに沈むだけだった。たえまない熱が北極地方の呪いをもたらした——虫である。蚊が巨大な雲のようにカリブーの群れをとり巻いた。蚊はうっとうしいが、カリブーにとって深刻な問題ではなかった。本当にやっかいなのはウシバエとウマバエだった。ウシバエはカリブーの脚を襲い、すばやくもぐって毛に卵を生みつけた。やがて卵から孵《かえ》った幼虫は、皮下にもぐって背部に移動し、さなぎになり、成虫になった。ウマバエはカリブーの顔にまとわりつき、鼻孔に飛びこんで、卵ではなく生きた幼虫を産みつけた。

カリブーは進化によって防御行動を獲得しており、足を踏み鳴らしたり、皮膚をぴくぴく動かしたり、頭を地面に近づけて鼻孔をスゲの茂みに埋めたりして対抗した。カリブーの群れはときどき体を寄せあってひとかたまりになった。ユーラシア大陸北部でトナカイ飼いがやる「タンダラ」と同じ隊形である。こうして体をぴったり寄せあえば、ハエの攻撃を受けるのは一番外側のカリブーだけですんだ。攻撃された個体はしきりに身をよじって安全な中心部に入りこみ、かわりにほかの個体が盾の役目を果たした。

ついに数頭のカリブーが苦痛に耐えきれなくなり、ハエから逃げようとツンドラを駆けまわった。だが、結局ほかのハエに身をさらすことになり、とまどったカリブーはますます速く走った。ときには錯乱して、力尽きるまで無理やり走りまわることもあった。

群れはさまよい、やがて風の吹きつける高い丘にたどりついた。ここならハエの動きも鈍い。高い丘には続々とカリブーが集まって身動きがとれないほどになった。カリブーは大集団になるとある種の集団催眠にかかりやすい。一頭が動くと全体が動く。これはヒツジと人間にも共通する傾向だ。集団全体が動きだした。移動するにつれてほかの群れやグループもついてきた。まもなくこの一帯のカリブーがすべて集まり、数千頭単位の大きな群れに分かれ、安定した早足でいっせいに移動しはじめた。これは「ラ・フール」あるいは「ザ・スロング」（どちらも「群れ」の意）と呼ばれるもので、極北のインディアンの暮らしにきわめて重要な役割を持っている。ラ・フールが北の大地を駆け抜けると、ふたたび食料が豊かになる——食料だけでなく、衣服、革なめし、針、ナイフの柄、そのほかカリブーから作られるもろもろの品が豊富になる。ラ・フールが通過すると、男はひと冬分の肉を一日で手に入れることができた。大群のカリブーはふだんより警戒心が弱まる傾向があり、狩りは容易だった。矢や槍でもしとめられ

た。カリブーが湖の幅の狭い箇所を泳いで渡っているときはとりわけ簡単だった。ラ・フールが来ないと、その土地には飢餓が忍びよった。

このような有蹄動物の大群は一帯に歴然とした影響を残す。ラ・フールが通過したあとの湿地は踏みつぶされてどろどろになり、高台は歯のとがった砕土機で掘りかえしたようになった。石は残らずひっくり返され、地衣類は踏みつけられてちぎれ、鳥の巣は壊され、レミングの巣穴は崩された。幾世代ものカリブーが通り、ツンドラに道が刻まれた。「カリブーの道」と呼ばれる主要な移動ルートには、何本もの平行な筋が地面深く刻まれ、空から見ても判別できた。

八月末、早霜が降《お》り、虫の活動は鈍った。カリブーの熱狂的な疾走は勢いを失った。カリブーは一帯に散らばってさかんに餌を食べた。あらゆる面で一年で一番いい時期だった。植物は夏の生長を終え、量も栄養もたっぷりあった。ベリー類は熟した。カリブーは高木限界に近づいており、あたりにはドウォーフバーチと呼ばれる低木性のカバの一種がたくさん生えていた。カリブーはよく動くくちびるで葉をひきはがしながらドウォーフバーチを集中的に食べた。

クマコケモモの葉がツンドラの丘を真紅に覆うころ、オスのカリブーは食料をほとんど口にしなくなる発情期に備えて脂肪を蓄えはじめた。脂肪は主に背と臀部につき、ときには厚さ八センチ、重さ十四キロに達した。被毛はすっかり冬毛に変わり、堂々たる白いたてがみが生え、体には縦縞模様が見られた。

森の端まで来るとカリブーの移動は完全に止まった。九月になり、オスの枝角はみごとに生えそろった。成獣のオスの場合、角の本幹は肩までの体高よりも長かった。角の成長が止まると、袋角《ふくろづの》への血流が減少した。袋角は乾きはじめ、猛烈なかゆみを生じた。オスは枝角を小木にこすりつけてかきむしった。袋角は細長くむけ落ち、血まみれの硬い枝角が現われた。成長した枝角は性感帯でもあり、角を磨くたびに繁殖行動が高まった。九月末には、オスの成獣の繁殖の準備はすっかり整った——磨かれた枝角、白い縦縞のある暗色の冬毛、重たく揺れる白いたてがみ——じつに堂々たる姿だった。

オスがメスに求愛するには開けた場所が必要だ。カリブーは本能に従ってぞろぞろとツンドラに戻った。オスは、メスと二歳未満の子からなる群れから離れ、単独で行動した。まもなくオスたちは駆けまわり、たがいに威嚇しはじめた。発情期の始まりである。オスはメスたちのところに戻った。オスはメスを見ると頭と首を突きだし、上くちびるをめくりあげて突進した。これは基本的に威嚇と同じ姿勢であり、メスは散り散りに逃げた。だが、ホルモンが適切な順序で機能し、メスも同じように交尾の準備ができていれば、メスはオスの突進を威嚇とは解釈せず、逃げなかった。オスは頭を左右に傾けて枝角とたてがみを誇示しながら、脚をまっすぐに伸ばした特徴的な足どりでメスのまわりを歩いた。これらの態度が積みかさなって一連の決定的なできごとになり、オス、メス双方を興奮させて交尾の衝動を高めた。ほとんどの有蹄動物と同様にカリブーの交尾は短かった。駆けよって、すばやく一度だけ挿入し、それで終わりだった。ホルモンのレベルが下がると、メスはオスの最初の突進をふたたび威嚇と解釈して逃げた。発情期の熱狂は静まった。

十一月になると、北から冬の嵐が襲った。渦巻く雪が白いカーテンのように視界を閉ざした。雪は岩や草むらの風下に積もり、冬の巨大な吹きだまりの先触れになった。吹きつける風は雪をたえず変化させ、雪片はかき混ぜられ砕かれて、細かな粒や結晶になった。細かくなった雪はたがいに密着し、餌となる地衣類を固く覆いつくした。カリブーは柔らかな雪を求めて移動し、ふたたび「小さな棒きれの並ぶ土地」と呼ばれる高木限界を越えて森に入った。

極北の針葉樹林帯タイガには、ツンドラとはまったく異なる動植物が集まっている。タイガでは、世界に「高さ」という新しい次元が加わった。木には違う種類の鳥が——ツメナガホオジロやライチョウではなく、カナダカケスやハリモミライチョウが——棲んでいた。アカリスはタイガならではの哺乳類だった。木々は風をさえぎり、雪が乱れるのを防いだ。森に積もった雪は厚く柔らかだった。

カリブーはタイガの奥に進み、深すぎず、固すぎず、締まりすぎていない、ちょうどいい雪を見つけた。そのむかし、白人が北の大地を冷酷に搾取するようになるまでは、カリブーは雪の状態に応じて自由に移動できた。そこに白人がやってきた。火というものの相棒も一緒だった。地衣類に地面を厚く覆われたトウヒの森は、来る年も来る年も焼き払われた。今年は数ヘクタール、翌年は数平方キロメートル、翌年はさらに多くというように森は燃やされつづけた——白人が北米大陸に登場してから三百年たった今日では、焼き払われて荒廃した土地は数千平方キロにおよび、そこにはみすぼらしいバンクスマツとポプラしか生えず、生命を与える腐食土は姿を消し、地衣類はやせこけた大地をごく薄く覆っているにすぎない。食料の減少に伴ってカリブーの頭数も減少した。一九〇〇年には全体で約百七十五万頭いたものが、一九五四年には六十七万頭になり、一九五八年には二十万頭になった。これがカリブー減少の物語である。今日では地衣類の減少が著しく、カリブーが生命を保つことすらできない土地が広範囲にわたって広がっている。

十一月から三月のタイガは環境がきわめて安定している。少なくともカリブーにとってはそうである。カリブーの体を厚く覆う被毛は長く、中空の部分があり、あらゆる動物のなかで屈指の断熱効果がある。このためカリブーは寒さの影響をほとんど受けなかった。来る日も来る日も、カリブーの暮らしは決まった日課どおりにくりかえされた。午前中の半ばから午後の半ばまでは凍結した湖で休み、睡眠をとり、食い戻しを反芻した。やがて冬の太陽が南の地平線を滑るように進み、空が金色に燃え、黄橙色、紫色に変わると、カリブーは立ちあがり、伸びをして、一列になって岸に向かった。岸に着くと群れは散らばり、めいめいに雪の表面を嗅いだ。地衣類の強い匂いを嗅ぎつけると、すばやく雪を掘り、穴に顔をうずめて、餌をひと口かふた口ひきちぎって食べた。この行動は何度もくりかえされた。焼き払われたことがなく、地衣類が厚く豊富に生えている森なら、五十ほど穴を掘れば必要な五キロ程度の地衣類を得ることができた。だが、ほとんどの森は十五、二十、三十年ほど前に焼き払われており、十分な餌をとるには数百の穴を掘らなければならなかった。

空腹が満たされたカリブーはぞろぞろと湖に戻り、休息して眠り、反芻した。カリブーはツンドラに適応した動物なので、木々に囲まれた森よりも開けた湖のほうが危険を感じず安心していられた。つぎの餌の時間も同じ餌場に向かった。雪が固くなっていれば、森のさらに奥に入って食料を探した。やがてカリブーの群れは山を越え、つぎの湖が見えるところまで来た。今度はその湖が休憩場所になった。

この群れには足を引きずっている年老いたメスがいた。メスの右前足はアクティノミセスという菌に冒されていた。雪をうまく掘れないので、ほかのカリブーが食べたあとの穴からごくわずかな残りかすを集めて食べていた。被毛は貧弱でごわごわしており、体はやせていた。骨髄にはまだ脂肪が蓄えられていたので餓死するほどではなかった。だが、病んだ足が病原菌をまき散らした。一歩歩くたびに割れたひづめから菌の胞子だらけの膿《うみ》が数滴にじみ出た。あとから来た健康なカリブーが、その足跡を踏んで感染した。

突然、一頭のメスが頭をのけぞらせた。湖畔にカリブーとは違う奇妙な動きがあるのに気づいたのだ。動きに目をこらすと、特徴的なシルエットがわかった――狩りをするオオカミだった。メスは後脚を片方突きだした。その姿勢が危険を意味することは、どのカリブーも知っていた。シルエットが動いた。形は変わらなかった。オオカミはこちらに向かっていた。メスは後脚で立ちあがり、背を向けて一、二歩大きく跳ねると、どんなオオカミでも追いつけない軽快な早足で逃げだした。群れの残りもメスを囲み、ひとかたまりになって逃げた。ゆるい雪が煙のように舞いあがり、凍てつく空気に湯気が上った。年老いたメスは痛々しく脚を引きずり、群れから遅れた。それに気づいたオオカミは、いっせいに狩猟本能のスイッチが入り、年老いたメスを追った。メスは速く走れず、たちまち追いつかれて倒された。死は荒々しかったが、すばやかった。これでほかのカリブーが菌に感染することはなくなった。オオカミは食料にありついた。狩りをするオオカミのシルエットが見えなくなると、カリブーの群れは速度を落とし、やがて止まった。カリブーたちはさらに数百メートル歩いてから体を横たえ、反芻を再開した。

なにごともなく数日が過ぎた。新しい湖にやってきたカリブーの群れは、雪の上に奇妙なものがあるのに気づいた。カリブーは好奇心の強い動物なので、その場所に近づいていった。岸辺には二本のトウヒが雪から突きだしていた。二本の木のあいだには虐殺のあとがあった。四頭のオオカミが体を硬直させ、凍りついていた。その背は死の苦痛に反りかえり、舌はずたずたに裂けていた。ストリキニーネのしこまれたカリブーの死体を食べて苦痛にもだえたのだ。アカギツネも三頭死んでいた。一頭のキツネはワタリガラスに食われたあとがあった。死体のまわりには黒い羽根がじゅうたんのように広がっていた。死んだワタリガラスがほかのワタリガラスに食われた跡だった。岸に向かう足跡をたどると、キツネがもう一頭死んでいた。このキツネの死体はクズリにかじられており、クズリの死体も近くにあった。ストリキニーネの危険な毒は、最初のわなから始まって、池のさざなみのようにタイガじゅうに死を広めた。ここで死んだオオカミのなかには、菌に感染したメスのカリブーを襲って倒した一頭もいた。

ある晩、カリブーがそわそわしはじめた。彼らは不安を感じていた。気圧が下がっていた。空は雲に覆われ、そよ風がささやくように湖上を吹きぬけた。気温が上昇した。朝になると、あたりは渦巻く雪に包まれていた。雪と風は二日間つづき、カリブーは満足に餌を探せなかった。二日目の夜、風はおだやかになり、やがてやんだ。空は晴れあがり、気温が急激に下がった。朝の餌の時間になってカリブーが餌探しに出ると、雪は固く締まって歩きにくくなっていた。ふたたびカリブーは落ち着きを失った。移動の衝動が目覚めた。彼らは一列になって餌場を越えて歩きつづけた。一頭が疲れて遅れはじめると、別の元気な一頭が先頭に立った。こうして三十キロほど進むと、ふたたび積もった雪が足に柔らかく感じられるようになった。カリブーは餌を食べはじめた。ここが新しい越冬地になった。嵐で雪が固く締まった地域のすぐ外に出たのである。

冬のあいだのカリブーの動きは、行きあたりばったりでも目的がないわけでもなく、このように積雪の深さと固さと密度によって決定された。ときには焼き払われて地衣類の乏しい森にしか柔らかい雪がないこともあった。そうなると群れは厳しい時期を過ごすことになり、ひ弱な成獣や子は十分な穴が掘れずにますますやせ衰えた。

ある日、湖の対岸で聞きなれない音が響き、群れに緊張が走った――吠える音、遠吠えの音、奇妙な叫び声。黒く長い列が湖に入り、猛スピードで向かってきた。カリブーたちは逃げなかった。この刺激に対しては進化によるメカニズムが備わっておらず、オオカミの場合のように特徴的なシルエットによって逃走行動が解発されることはなかった。トボガン（小型のそり）に乗ったチペワイアン族の猟師が、そり犬に引かれて弾むようにやってきた。カリブーの群れがようやくそり犬のシルエットに気づいて逃げだしたときには、すでにかなり接近していた。チペワイアン族の猟師は揺れるトボガンから銃を撃った――もちろん狙いなど定まっていなかった。一頭のカリブーに弾が当たり、もがきながら倒れた。別の一頭が突然うめいた。腹部に弾が命中したのだ。このカリブーは八百メートルほど走って倒れた。だが、チペワイアン族の猟師はその死体を探さず、湖上のよく見えるところに転がっているカリブーの方に向かった。彼は「文化変容」（異なった文化を有する諸集団が接触した結果、その一方あるいは双方の集団の文化に変化が生じる現象）のせいで祖先の掟《おきて》を失っていた。手負いの食用獣はすべて追いつめて捕らえるべしという掟である。弓と槍の時代には、狙った獲物はかならずしとめなければ、男は自分と家族を養う肉を確保できなかった。

　チペワイアン族の猟師は、死体の皮をはぎ、はらわたを出した。胸腔から心臓と肺をひねりながらとり出しているとき、ナイフが滑って片方の肺を切った。ナイフの刃は肺組織に埋まっていた野球のボール大の嚢胞《のうほう》を切り裂いた。透明な水っぽい液体が吹きだし、猟師の手にかかった。彼はそれに気づかなかった。カリブーを解体しおえると、肺と内臓を犬たちに与えた。

　嚢胞はエキノコックスという条虫に感染したことによって生じたものだった。嚢胞中の液体には繁殖形態にある条虫が大量に含まれていた。この微生物は凍結に非常に強く、人間への感染力もきわめて強かった。やがてチペワイアン族の男はエキノコックスによる脳腫瘍で入院した。彼の犬のうち二頭も感染し、息子も感染した。赤ん坊だった息子は、糞がこびりついたまま積まれていた犬の引き具によじのぼったあと、そのまま親指をしゃぶったのだった。

エキノコックスの宿主だったカリブーは群れに加わったばかりだった。もしオオカミに襲われるまえから群れの一員だったら、このメスも遅れていたかもしれない。肺にエキノコックスの嚢胞のある動物は、速く走ることも、遠くまで走ることもできないからだ。もしオオカミが毒にやられていなければ、移動するカリブーの群れを追って新しい越冬地まで行き、条虫に感染したメスを群れから間引いていたかもしれない。

雪の季節は終わった。カリブーたちは積雪をかきわけながら行きつ戻りつ進み、湖上で休み、雪を掘って地衣類を探した。ときおり嵐や暖かな陽気が訪れ、雪は締まって固くなった。カリブーたちは落ち着きをなくし、よりよい状態の雪を求めて移動した。

三月末、昼間の時間は目に見えて長くなった。日に日に太陽は空高く昇るようになり、カリブーはそのぬくもりを感じた。木々から雪が落ちはじめた。積雪はざらめ状になって沈下した。カリブーはふたたび落ち着きをなくし、よりよい状態の雪を求めて移動した。四月になると、積雪の沈下とざらめ化と雪解けは、ゆっくりと、けれども容赦なくタイガ全体に広がり、カリブーは追われるように高木限界に向かった。移動は勢いを増した。カリブーの群れはしだいにまばらになる森を抜け、「小さな棒きれの並ぶ土地」と呼ばれる高木限界を越え、開けたツンドラに入った。メスたちが先頭に立って群れを率いた。

群れは餌を食べながら前進をつづけた。エスキモーたちがホルダイアやダバウントと呼ぶ大きな湖を越えて進んだ。五月末、カリブーの群れは凍結したセロン川を渡り、ビバリー湖の向うにうねうねと細長くつづく砂利山に登った。カリブーは出産地に着いた。ちょうど子が産まれる時期だった。

カリブーは千数百キロにおよぶ移動の一年を終えた。生命の輪は一巡した。北極圏にふたたび春が訪れた。

ムースの一年

地球は自転しながら宇宙を進み、これまで影になっていた部分に太陽の光がたえまなく降りそそぐようになった。高い巻雲が光を浴びて桃色や黄橙色に染まり、大気はかすんだ黄金色に満たされた。地球は回りつづけ、太陽の光は小さな湖をとりかこむ木々を照らした。冷えこむ秋の空気と比較的暖かな水の温度差が水蒸気を生み、湖はたちのぼる霧にふちどられた。

ここサスカチュワン州北央部に位置するカナダ盾状地は、更新世の氷河に肉を削りとられ、地球の骨格である岩盤がむきだしになっていた。氷河消滅後の比較的短期間に作られた土壌は、大半がどこまでもつづく灰色の岩山に挟まれた盆地やくぼ地に集中していた。多くのくぼ地に水がたまり、時とともに数段階の生態遷移（ある一定の場所で、生物群集の構成がひとつの方向に向かって移り変わってゆく現象）が見られた。開けた湖は湿原の湖になり、湿原の草地から低木林に変わり、最後にトウヒの茂るタイガになった。

湖畔に広がる背の高いヤナギの茂みから、枝が砕けて折れる音と、低く震えるようなり声が響いた。そして静寂が広がった。湖でカモが鳴き、一瞬、静けさが破られたが、鳥の姿は霧に隠れて見えなかった。やがて湿った地面を踏みつける騒がしい足音が聞こえてきた。霧のなかから現われたのは、巨大なオスのムースだった。

霧に射しこんだ太陽の光が、手のひら状に大きく広がったオスの枝角を照らした。枝角の先端には指状の突起が白く輝いていた。片方の角から折れたヤナギのねじれた枝が垂れさがっていた。オスが頭を軽くひねると折れた技は落ちた。オスは別のヤナギの茂みに向かい、頭を下げて角で木立をかきまわした。片方の角がすむと、つづいてもう片方を突きたてた。ヤナギの枝が音を立てて折れ、葉がとび散った。オスは顔を上げ、枝角を肩甲骨間の隆起に戻し、またうなりだした。うなり声は高い音程で始まり、急に音程が落ちてのどを絞る声になり、何度もくりかえされた。オスは脚を伸ばして歩きつづけ、湖を離れ、山々を覆う黄金色のアスペンのあいだに消えた。

オスのムースはこの湖と山に来たばかりだった。夏のあいだは二キロほど離れた焼き払われた沼地にいた。沼地は五十ヘクタールほどで、ヤナギとアスペンとシラカバがうっそうと茂っていた。今は九月。夜になると凍てつくように冷え、オスは交尾の衝動が高まってそわそわしはじめた。枝角は固く磨かれ、首はふくらみ、皮膚は厚く頑丈になった。

青々とした夏の木の葉は消え、ムースの餌は小枝と樹皮中心の冬場の食料に変わりつつあった。食料の変化は、発情をひきおこすホルモンの変化とあいまって、オスの飢餓衝動を抑制した。ヤナギの茂みを見ても、餌として食べるのではなく、茂みに頭を突っこんで枝の反発する力を角に感じたい欲望のほうが誘発された。角で茂みを突くと首の筋肉に圧力が加わり、体全体に快感が広がった。オスは鼻を上げ、長い上くちびるをめくりあげてうなった。

九月が去り、夜は長くなり、一段と冷えこむようになった。池には薄い氷が張り、色鮮やかに散らばった木の葉の下で泥炭質の土が凍結した。アスペンの黄色い葉が散って林冠が開くと、薄青色の空がのぞいて森は明るくなった。朝になると枯れ草やスゲは霜で覆われた。

オスのムースは霜に覆われたスゲの茂みを突進した。沼地には足跡が暗褐色の筋になって残った。アスペンの下にはひづめの跡が黒くくっきりと刻まれた。いまのオスは、もはや内気で用心深い夏のムースとは別の生きものだった。進むときに音をたててもまったく気にしなかった。

触覚や音よりも匂いのほうがはるかに重要だった。オスのムースは匂いの世界に生きていた。匂いはオスを包み、渦巻き、風に乗って漂い、行列のように前進した。匂いはおだやかな夜には層状に積もり、ムースは水中を歩くときのように、重たい匂いの層をひづめでかきわけて進んだ。

湿気の多い曇りの朝、オスはある匂いに出会った。そのとたんにオスは向きを変え、匂いをたどって風上に向かった。尾根づたいに漂ってくるその匂いは、やむにやまれぬ緊急事態が川のように流れてくるように感じられた。その先にはメスのムースがいた。

オスは鼻先を上げて匂いをたどりながら、うなり、のどを鳴らした。匂いが濃厚にたまっている場所があった。メスが排尿した跡だった。オスも同じ場所に排尿した。そこをひづめでくりかえし踏みつけ、地面をどろどろのぬかるみにした。こねまわした泥炭を枝角でかきまわし、その上に転がって身をよじった。オスの体は泥まみれになり、尿と特殊な腺分泌液の匂いを強烈に放った。

オスはようやくメスにたどりついた。メスはそしらぬようすで餌を食べていた。オスはメスの正面に移動し、脇腹に向けて立った。そのままじっと立っていると、メスは餌を食べながら近づいてきたが、そばまで来ると横によけた。オスはまた動いてメスの正面に立った。昼が近くなり、餌を食べ終えたメスは横になって反芻しはじめた。オスはそばに立って動かなかった。

夕方になり、メスはふたたび餌を食べはじめた。オスはメスの尿の匂いに刺激され、また急に勢いよく地面を掘って転げまわった。オスはひとしきりうなり、枝角をふりまわしていたが、奇妙な音に気づいて、じょうご形の耳を回して神経を集中させた。

遠くから枝の折れる音とほえる声が聞こえてきた——高く震える耳障りないななきにつづいて、低いうなり声がくりかえされた。ムースはメスのまえに立ちはだかり、近づく騒ぎを待ちうけた。枝角をトウヒの小木に打ちつけ、頭を上げて応えるようにいななないた。

一頭のオスが森からとびだしてきた。木の枝が勢いよく折れたが、それを気にするようすはなかった。あとから来たオスは最初のオスの目のまえに走りでた。そしてくるりと向きを変え、脚をまっすぐ伸ばしたまま最初のオスとメスのまわりを何度も回った。頭を傾けたり戻したりするたびに、枝角の先端が揺れて白く光った。やがて止まると、茂みを角で突き、のどを鳴らしてほえた。

最初のオスは新参者に対して横向きに立ち、頭と角を傾けて挑戦の儀式を示した。新参者は角をふりまわした。メスの周囲を回り、鼻を突きだしてその匂いを嗅いだ。

メスはさきほどのようにオスを避けはしなかった。オスは鼻を上げ、上くちびるをめくりあげて、もう一度いなないた。

突然、最初のオスは頭を下げて餌を食べはじめた。小枝を口にくわえると、たち切るようにぐっと引いた。あとから来たオスも同じようにした。二頭は目を合わせないように近づき、脇腹を向けて並んだ。

合図に合わせたかのように、二頭のオスは角を下げ、正面から向かいあった。二頭はそのままじりじり動き、相手を試すように角で探った。突然、戦いが始まった——二頭は全力で激突し、角がぶつかりあう音が響いた。あとから来たオスは徐々に押しもどされ、身をふりほどいて円を描くように走ると、枝角を傾けて逃げた。

走り去る音はやがて聞こえなくなった。もとからいたオスは茂みに体をぶつけ、ひと声ほえたあとに数回うなって勝利を宣言した。オスはメスのいたほうをふり向いたが、姿はどこにもなかった。オスはうなりながら駆けまわり、メスの匂いを嗅ぎつけて跡をたどった。

ようやくメスに追いついた。メスはときどき餌を食べながらのんびり歩いていた。オスは鼻を突きだしてメスのすぐあとを追った。オスの鼻先が体に触れ、メスは立ちどまった。オスがメスにマウントして挿入すると、すぐにメスはオスの下からすり抜けた。その間、五秒もかからなかった。メスはふり向いて鼻先をオスにすり寄せた。その夕方、二頭は三回交尾した。メスが反芻して眠っているあいだ、オスは求愛のディスプレイを示してそばに立っていた。

翌日、巨大なオスとメスは一日じゅう共に行動した。あるとき若いオスが近づいてきてほえた。巨大なオスが枝角を茂みに突きたててほえると、若いオスはあわてて退散した。

太陽は隣の尾根に向かって傾きはじめ、メスは倒木が散乱する焼き払われた空き地に向かった。オスもすぐあとにつづいた。視界のよいその場所から、発情したムースの物音が聞こえてきた――枝角で木を打つ音、枝が折れる音、うなる声、ぶつかる音。騒がしい音に刺激されて、オスはいてもたってもいられなくなった。その思いに応えるように、笛を吹きならすような耳障りな咆哮《ほうこう》が響いた。

そのとたん、オスはメスの横を駆けぬけて声のほうに突進した。戦いの前段階である儀式につづいて角を数回突きあわせ、そのあとで、かならずそうするように横向きにならんだ。やがて二頭は正面から向かいあい、角を突きあわせた。一頭が押しもどされたかと思うと、もう片方が押しもどされた。激突の衝撃で角が震え、巨体が太さ十センチほどの苗木を押しつぶした。二頭は角をからませたまま静止して休んだ。もとからいたオスは、空き地の隅でなにかが動くのに気づいた。彼は角を放し、一頭の若いオスに向かって突進した。若いオスは、年長のオスが戦っているあいだにメスに近寄って匂いを嗅いでいた。若いオスは退散し、年長のオスは威張るような態度で自分の三頭のメスのまわりを駆けまわった。

年長のオスは若いシラカバの茂みに角を勢いよく突きたて、ひざを折って座ると、地面に散らばった葉を片方の枝角でかきまわし、つづいてもう片方でかきまわした。そして立ちあがって向きなおり、最初の相手に突進した。相手のオスは角を下げて待ちかまえていた。

二頭はふたたび全力で組みあってもつれ、優勢に立とうとした。体の大きさと体重は互角だったが、メスを三頭従えたオスは、一頭だけ従えた通りがかりのオスよりもかなり年をとっていた。二頭は離れ、横向きに並んだ。どちらもシラカバやヤナギの小技をせわしなく引きちぎって食べはじめた。餌を食べるというこの行動は、儀式化された転位行動で、逃げたい衝動と戦いたい衝動に挟まれた内的葛藤の結果だった。二頭は円を描くようにゆっくりと離れたが、そのあいだも餌は食べつづけていた。十分に離れると、二頭はひと声ほえてそれぞれのメスのもとに向かった。だが、メスは二頭しかいなかった。通りがかりのオスと一緒に来たメスと、年上のオスと一緒にいた一頭はどこかに消えていた。どちらのオスも、残っているメスとライバルから目を離そうとせず、メスをはさんで向かいあった。

メスは横たわって反芻し、やがて眠ったが、オスはじっと立ちつくしていた。翌朝の夜明け前、シラカバの白い幹がかすかに見える程度の薄明かりのなか、若いほうのオスがそわそわしはじめた。若いオスはまずひづめで地面をそっとなで、つづいて激しくかいた。ライバルの先端の白い角が見えるようになると、若いオスは自分の角で茂みをつつきはじめた。年上のオスも目覚め、同じようにした。若いオスはひと声いななき、年上のオスに突進した。年上のオスは向きなおって待ちかまえた。二頭は激しい音とともにぶつかった。

突然、年上のオスが後脚を滑らせて横を向いた。若いオスの右の枝角が脇腹を突き破ったのだ。年上のオスはうめきながら身をよじり、頭と枝角を垂らして顔をそむけた。そのとたん、若いオスは乾いたヤナギの葉を口いっぱいにほおばって食いちぎった。年上のオスは速足で逃げ、やがて見えなくなった。一歩進むたびに、脇腹に開いた枝角の穴から半分消化された食物が噴きだした。まもなく腹部全体に焼けつくような感染が広がるだろう。もはや運命は尽きた。

勝ったオスは枝角を茂みに突きたて、ひづめで地面をかいてほえた。そして無関心に餌をたべているメスたちのほうに悠々と歩いていった。オスはメスの正面に立ち、求愛のディスプレイをした。

一頭のメスが求愛に応じ、オスはそのメスにかかりきりになった。だが、オスがそのメスへの求愛に没頭しているあいだに、もう一頭のメスはどこかへ行ってしまった。オスはその場にとどまったメスと交尾をすませると、興味を失って去っていった。九月が終わり、メスの匂いが磁力を帯びた川のように尾根づたいに流れてくることはなくなった。ヤナギの茂みを見ても、枝角を突きたてたい衝動に駆られることはなかった。茂みはふたたび食べる対象になった。

十月半ばには雪が降った。オスは岩山にはさまれた沼や湿地で過ごす時間が増えた。ふたたび規則正しく餌を食べるようになると、発情期のあいだに落ちた体重が戻り、毛はつやを増した。毛は長く伸び、一本一本が立った。

オスは他のオスの存在に寛容になり、数頭でゆるやかな集団を形成した。オスたちが集まったのは、仲間を求めたというよりも、むしろ食料のためだった。オスたちは湿地のまわりに茂るヤナギの小枝や、森林火災から回復しつつある一帯に生えたシラカバの若木を食べた。

ある朝、一頭のオスが対岸にあるヤナギの茂みを目指して沼地を横切っていると、背後で枝が折れる音がした。ふり向くと、一頭の若いオオカミがオスの足跡をたどって跳ねていた。ムースは耳をうしろに倒し、頭を下げ、うなじの長い毛をたてがみのように逆立てた。ムースは力強く鼻を鳴らして突進し、前足のひづめを打ちおろした。オオカミはすばやく脇によけた。ムースは突進を中断して背を向け、凍った泥炭をひづめで掘った。もう一度ムースが突進すると、オオカミは逃げていった。よほど狩りに熟達しているか、どうしようもなく腹を空かせているのでなければ、ムースの動きを妨げる深い積雪や固く締まった雪の助けのない状況で、この恐るべき生きものの狂暴なひづめに立ち向かおうとするオオカミはいない。

オスはさらに二、三度鼻を鳴らした。逆立っていたうなじの毛は徐々にもとに戻った。オスはヤナギの茂みに向かってまたゆっくり歩きだした。オオカミの姿はムースの意識から薄れていった。有蹄類の記憶は幸せなほど短い。

昼はしだいに短くなった。毎朝、太陽は遠く南に昇り、南の地平線からさほど離れぬまま、前日よりもさらに南に沈んだ。来る日も来る日も空は晴れわたり、空気は乾燥して冷え、積雪は空気を含んで軽かった。よく晴れた寒い日がつづくと、それをさえぎるようにやや暖かく湿った空気がタイガに注ぎこんだ。空は一面の厚い雲に覆われ、雪が舞いおちた。あたりは薄暗く、雪をかぶったトウヒは渦巻く雪のなかにぼんやり浮かび、先端は見えなかった。ハンノキは雪の重みでさらに曲がり、トウヒの若

木はすっぽり雪に埋まった。積雪は四十五センチに達し、やがて五十センチ、六十センチと深さを増していった。

ゆるやかに集まったオスのムースは、高台で過ごすことが多くなった。そのあたりはアスペンやシラカバなどの落葉樹が多く、積雪はなめらかで平らだった。シラカバやヤナギの若木はたわみ、ムースは柔らかな小枝を簡単に食いちぎることができた。ときにははるか頭上の枝に首を伸ばし、後脚で立ちあがって、大きなシラカバを引きよせて先端の柔らかい小技を食べることもあった。寒さでもろくなった幹は、たいてい折れて曲がったままになった。そのおかげでムースと生息地を分けあうカンジキウサギも、木の先端の小枝や樹皮を食べることができた。

十二月末、昼がもっとも短くなるころ、オスの首の筋肉が痛みだした。オスは頭と角をたびたびトウヒの幹にもたせかけた。あるとき押してみると、片方の角が雪に落ちた。オスは頭のバランスがとれないまま歩きつづけ、首を振り、残った角をやぶや木に押しつけた。さらに数百メートル進んだところで、残りの角がぽろりと落ちた。オスは体を震わせ、脚を伸ばして数歩跳ねた。首の痛みは消えていた。頭部には二カ所、骨が白く露出した部分があった。その部分をとりかこむ皮膚の細胞は、露出した骨を覆うための分裂と成長をすでに開始していた。まもなく骨も新たに成長しはじめ、ビロードのような皮膚が骨を覆って保護し、栄養を与えるだろう。

一月になり、昼間の時間が延びはじめると、空気はさらに乾燥して、冷えこみは一段と厳しくなった。太陽からの熱はきわめて少なく、乾いて濃密な亜北極の空気にほとんど作用しなかった。積雪の上部や木々やムースやノウサギから流出した熱は、空の巨大な熱シンクに吸いこまれて外宇宙に消えた。気温はしだいに下がって氷点下四十三度に達し、ある日氷点下四十六度になった。アスペンの幹が裂け、ライフルを撃つような音をたてて弾けた。気温はついに氷点下四十八度まで下がり、そのまま変化しなくなった。乾燥した空気から霜の結晶が凝結し、空気はきらきら輝く微細な光の点に満たされた。浮遊する霜の結晶に日光が屈折し、太陽の両側に幻日が浮かんだ。

オスのムースの被毛は空気を含んでふくらみ、断然性が高まった。皮膚から発散した水蒸気が毛の先に凝結し、ムースは銀灰色の幽霊になった。だが、この幽霊は音もなく動くわけにはいかず、ひづめで雪を踏むと、きしんだり砕けたりした。ムースが餌を食べながらヤナギの茂みを通りぬけると、寒さでもろくなった技が音をたてて折れた。

ムースの吐く息は凝結して氷霧の雲になった。雲はしばらく体のまわりに漂っていたが、やがて谷間に流れこむ冷たく濃密な空気に乗ってゆっくり斜面を下っていった。

オスは鋭い音をたてながらヤナギの茂みを通りぬけ、あとには氷霧がしみのように浮かんだ。

寒さの厳しいこの時期、カンジキウサギは雪をかぶったハンノキの下の雪洞にこもった。ここなら空の熱シンクにさらされて体熱を極端に奪われる心配はなかった。アカリスはすでに雪の下の巣にひきこもっていた。キツネなど、もう少し体の大きい生きものも、穴を掘って雪の毛布の下に隠れて厳しい寒さをしのいだ。活発に動いていたのは、ムースとカリブーとオオカミとワタリガラスだけだった。

厳しい寒さは五日つづき、いったんややゆるんだが、ふたたび締めつけるように冷えこんだ。厳しい寒さはひと月にわたってタイガを支配した。二月、ようやく厳しい寒気が和らいだ。はるか頭上に小さな巻雲が現われた。巻雲は集まってガーゼのように空を覆ったが、雲はごく薄く、空の色はほとんど変化しなかった。それでも水分の層が地球からの熱を反射して、タイガの気温は徐々に上昇した。厳しい寒さは一段落した。

巻雲はしだいに厚くなって層雲になり、空気は湿り気を増した。だが、雪の表面や小枝やトウヒの針葉や木の幹は、あいかわらず厳しい寒さの支配下にあり、流れこんだ暖かい空気が触れると、水蒸気が凝結して長い羽毛のような霜の結晶ができた。まもなく森は銀の衣に覆われた。雪は降ったが、空気中には水分がほとんど残っていなかったので、積雪ははそれほど増えなかった。

二月末、あふれる日差しが戻ってきた。太陽は日に日に高く昇り、日の出は早まり、日の入りは遅くなった。日の光にぬくもりが感じられるようになった。暖かな日中と冷えこむ夜のくりかえしで、雪の表面の結晶はざらめ雪に変わり、やがて固いクラストになった。

ムースが一歩進むたびに長い脚が表面のクラストを踏み砕いた。クラストはしだいに固くなり、ムースの下腿《かたい》の毛をこすりとった。強度の増したクラストは、体重の軽いタイガの生きものを支えられるようになった。オオヤマネコやキツネやアカリスやノウサギが雪の上を歩いても、クラストを突き破ることはなくなった。

クラストに足をこすられる不快感に追われるように、ムースは進みつづけた。わずか五キロ先に、また空気を含んだ柔らかい雪があり、ムースは移動をやめて棲みついた。オスの新しいなわばりのある一帯は、たまたま斜面の北側にムースに適した生息地があり、真昼でも太陽が雪の表面に照りつけることはなかった。

タイガに春が広がった。暖かく湿った空気がこの大陸中央部にまで入り込み、北極高気圧は押しもどされた。冷たい突風が森を吹きぬけた。トウヒやバンクスマツから雪が勢いよく落ちて、固いクラストの上に重く積もった。アスペンの幹は太陽熱を吸収して再放射し、幹のまわりの雪は昇華して円柱状の空洞になった。山の尾根では、灰色の岩からなる大地の背骨が、同じように太陽熱を吸収して雪を解かした。南向きの斜面のふもとにネコヤナギが顔を出した。トウヒの木立ではカナダカケスの柔らかなさえずりが聞かれるようになり、夜には求愛するフクロウのうつろな声が響いた。

太陽は毎日着々とぬくもりを増した。日中は雪解けが進んだが、ゆるんだ積雪の表面は、夜には再凍結してまた固くなった。この時期、ムースのオスはヤナギの茂みからほとんど出なかった。凍結した雪が砕けると、鋭い縁で怪我をするからだ。それでも茂みを踏みつぶした狭い空間からやむを得ず出ることもあり、ムースの通ったあとには、血にふちどられた足跡が雪の上に残った。

まもなく太陽が空高く昇るようになり、空気も十分に暖まって、雪は夜になっても再凍結しなくなった。積雪はゆるみ、減少した。雪の消えた斜面を水が細い筋になって流れた。水は凍った川に流れこんだ。消えゆく雪はもはやオスの動きを妨げることはなく、一歩進むたびに水しぶきが上がった。

うっそうとしたトウヒの木立の北側にわずかに雪が残るだけになったある日、ムースはひづめの下の地面が揺れ、鈍くどよめく音が春の空気を震わせるのを感じた。川の氷が割れはじめた。

ムースは、雪が解けて顔を出した植物を手当たりしだいにかじった。シラカバとヤナギの芽がふくらむと、すぐにオスは腹いっぱい詰めこんだ。新鮮な植物が反芻胃に棲む原生動物のバランスを乱し、オスが食い戻しを反芻すると、腹が鳴ってげっぷが出た。

新しい枝角はすでに耳よりも長く伸び、まもなく平らに広がって手のひら状になった。枝角は柔らかな皮膚と、短い柔毛に覆われていた。オスは角を木の枝にぶつけないように慎重に動いた。

ある日、オスの不意をついて、茂みをなぎ倒す騒がしい音がした。茂みのなかから、メスのムースが頭を低く下げ、耳をうしろに倒し、うなじの毛を逆立てて突進してきた。ちょうど出産の季節で、茂みには生まれたばかりの子が二頭隠れていた。メスはほかの生きものが子に近寄ることを絶対に許さなかった。オスは耳を垂らして退散した。

六月になると、蚊が雲のようにオスにまとわりついた。オスは涙をこぼし、たえず耳をふりまわした。正午には太陽は空高く昇り、熱が容赦なく照りつけた。日中の一番暑い時間帯になると、ムースはハンノキの茂る沼地にあるわき水の池に避難した。

オスは池に体を横たえて転げまわり、皮膚は泥炭質の黒い泥に分厚く覆われた。水が体を冷やし、泥が季節になって発生したブヨから皮膚を守った。あらゆるタイガの動物にとって、ブヨは蚊よりもはるかに厄介だった。

七月、短い亜北極の夏が訪れた。植物は大急ぎで生長し、一面に緑が広がった。秋の訪れをいち早く知らせるように、すでに夜は長くなりつつあった。オスは肥え、毛並みがつややかになった。枝角はほぼ完成に近づいていた。あとひと月もすれば成熟して固くなるだろう。そしてふたたびヤナギの茂みは、食料ではなく角を突きたてる対象になるだろう。

ムースの民

夜の影はしだいに西へ北へ進み、大陸を覆った。最後の光が地球の肩からこぼれ、アラスカ山脈の北壁を照らした。沈みゆく太陽のほぼ水平な光を受けて、雪をかぶった山頂がきらめいた。はるか南東の頂《いただき》はすでに桃色の夕映えに包まれていた。南から南西の空は淡橙色に輝き、黄色に変わり、やがて西端の山頂が青白い光を放った。

雪をかぶった頂の連なる大山脈の北には、タナナ川の谷が広がっていた。西側は広く平らで、ところどころにシルトを多量に含む川が作った沼地や蛇行や三日月湖が見られた。一方の東側は、丘がうねうねとつづき、谷が狭まっていた。川の氾濫原に散らばる無数の湖と池が、消えゆく光を受けて輝いた。

タナナ川の主な支流は山高く源を発し、シルトと岩粉を多量に含んで淡褐色に濁っていた。これらの支流は氷河を水源としていた。氷河は山に挟まれた峡谷をこすり、きしみつつ下って、徐々に大山脈を削りとった。

山のふもとに源を発する支流はシルトを含まず、透明にきらめく水をたたえていた。これらの澄んだ支流は、広大な砂州に網目状に広がる水路を流れるのではなく、高い土手に囲まれてトウヒの森のなかを流れていた。トウヒは川岸ぎりぎりまで茂り、土手が浸食されると木は傾いて、やがて川に倒れこんだ。

澄んだ水が、砂利の堆積した広い浅瀬を流れている箇所があった。浅瀬のすぐ先の水中に奇妙なものがあった――川底に何本ものさおが突きたてられ、V字形に並んでいた。さおはヤナギの若枝で結ばれ、V字の先端部分には枝を編んで作った円筒形のかごがしかけてあった。

しかけのすぐ上の川岸には、タイガの森に開けた小さな空き地があった。空き地には二軒の小屋が建っていた。どちらも三×六メートルほどの大きさで、細い棒でできており、屋根は板状のシラカバの樹皮でふいてあった。棟木《むなぎ》の片側に樹皮に覆われていない隙間があり、そこから木を燃やす煙がひと筋上っていた。A字形の枠のあいだに棒を水平に渡したものが、空き地いっぱいに広がっていた。魚を干す棚だ。

だが、いまは六月末だというのに、棚は空《から》だった。浅瀬にしかけた円筒状のかごも空だった。入っている魚といえば、たまたま迷いこんだ数匹のカワヒメマスだけだった。本来なら、開いて天日干しにするホワイトフィッシュとサケの重みで棚はきしんでいるはずだった。

四組の家族がしかけのそばに仮住まいを構えていた。みずからを「ムースの民」と呼ぶディンジェ族の人々である。

ムースの民は北方インディアン、アサバスカ族の一員だった。ほかのアサバスカ族の仲間と同じように、比較的小柄で、繊細な顔立ちのわりにあごが大きかった。手足は小さく、華奢《きゃしゃ》といってもいいほどだった。髪は黒くつややかで、肌は浅黒い銅色だった。だが、細やかでかよわそうな外見にだまされてはいけない。彼らの体は筋肉質でねばり強く、かんじきをはいて一日じゅう走りまわっても平気だったし、冷たい雨や雪のなかでも眠れた。ムースの民は、過酷なタイガで何世代にもわたって生きぬいてきたことで進化が方向づけられ、あらゆる特徴が環境と調和するように発達し、生物としてうまく適応を遂げてきたのである。体格が小柄なうえに、かんじき作りのすぐれた技術があるため、亜北極の雪に沈むことなく、カンジキウサギのように雪上を駆けまわることができた。頑丈なあごの筋肉のおかげで、骨にこびりついた固い肉や結合組織も残さず食べることができた。筋肉質の体と持久力のおかげで、巨大なムースが文字どおり倒れるまで追いつづけることができた。数千年を超えるタイガ生活のあいだに、季節に応じた行動が詳細に決まっていた――魚の豊富な時期には魚を捕り、数の多い、あるいはそれしかない時期にはムースやオオツノヒツジやカリブーやマーモットを狩り、木の実が熟れる時期にはその場所に行って摘んだ。

　六月は終わりに近づき、飢えが目前に迫った。冬場のムース猟で貯えた肉はすでに尽きていた。季節はずれの吹雪のせいで、春のカリブーの大移動はこの一帯を大きくはずれて通過した。例年なら、その夏最初の蚊の大群が発生するころには、ムースの民はホワイトフィッシュとサケを腹いっぱい食べているはずだった。だが、銀色の洪水のように遡上《そじょう》する魚の群れはいまだに訪れなかった。

　ようやく魚が来た。川面にさざ波を立て、勢いよく水をはね散らし、ヤナギの若枝から逃れようとやな（川の瀬などで流路を柵でふさいで籠に魚を追い込み捕獲する仕掛け）の下の水をかき乱した。屈強な男が四人がかりで円筒状のわなを引きあげ、中身を岸に空けた。わなを空にしてしかけなおす短い時間に、十分な数の魚が上流へ逃げ、豊かに繁殖して自分たちの種を未来に残した。

　女たちはつぎつぎに忙しく魚をさばき、干し棚に並べた。たちまち空気に魚の匂いが充満した。数人の男が棚の下でいぶし火を焚いた。いぶし火はハエを追いはらうだけでなく、魚の乾燥を早める効果があった。火をおこして石を熱し、樹皮でできた大釜に湯を沸かした。尾の巻いたアサバスカのムース猟犬は、魚のはらわたや切れ端を腹いっぱいむさぼり、日だまりで横になって眠りに落ちた。人間も同じように新鮮な魚を食べ、日だまりで眠りに落ちた。人生は満ちたりていた。

わずか数週間で魚の遡上は終わり、わなはふたたび空になった。夏の熱い太陽を受けて棚の魚はすぐに乾いた。魚の地下貯蔵庫は、掃除して補修された。魚貯蔵庫は間口が五十センチ×一メートル、奥行きが一メートルほどあり、床と壁は棒を並べて覆ってあった。魚が乾いて保存がきくようになると、貯蔵庫に詰めて棒できっちり蓋をした。その上にクマよけの重い丸太を置き、さらに土を分厚くかぶせてすっぽり覆った。こうしておけば、下からは永久凍土が冷やし、上からの夏の熱気は丸太と分厚い土が防いだ。冬までに魚は多少傷むかもしれないが、氷点下三十五度ではだれもそんなことは気にしなかった。

漁の季節の終わりは、夏の狩猟期の始まりの合図でもあった。いよいよムースの民の本領発揮だ。メスの通り道や巨大なオスのまどろむ茂みを彼らほど知りつくしている者はなかった。

ディンジェ族の猟師はムースの通り道に沿ってわなをしかけた。わなは革ひもを丹念に編んで作ってあり、狙った大きさのムースがそれと知らずに頭を突っこむように巧妙に隠して待った。首を締めるかすかな力に驚いてムースが頭をのけぞらせると、わなはますますきつく締まるしかけになっていた。ディンジェ族の作るわなといえども、動転したムースの成獣を長時間捕らえておくことはできなかったが、それはたいした問題ではなかった。ムースのもがく音がすると、近くで複数のわなを見張っていた猟師がすぐに駆けつけた。猟師の弓が鳴り、石のやじりのついた矢がムースの胸を射抜いた。

石のナイフの鋭いのこぎり状の刃がムースの皮を切り裂いた。猟師はムースの内臓を出し、皮をはぎはじめた。まもなくディンジェ族の男がもうひとり、駆け足で森を抜けてやってきた。彼は猟師の〈クラ〉だった。タイガでは人はひとりでは生きていけないことを、ムースの民ははるかむかしに学んでいた。家を切り盛りする妻だけでなく、狩りのときに助けあうもうひとりの屈強な猟師も必要だった。こうしてクラというパートナーの慣習ができた。クラはたがいに協力して狩りをする。妻どうしは革なめしや裁縫などの家事を分担しあう。しばしばクラは別々の場所で狩りをした。どちらかが不猟でも、もう片方は幸運に恵まれるかもしれないからだ。一緒に狩りをするときは、獲物をしとめたほうが、クラに自分よりも分け前を多く与える習わしだった。こうしてたがいに感謝し、相手を尊重する感情が育まれ、クラの絆が強まった。

魚捕りキャンプ周辺の渓谷でムース猟が低調になると、猟師とクラは夏の狩猟の旅に出た。猟師たちはそれぞれ家族を連れて別々の方向に向かった。この一帯はむかしから熟知しており、棲んでいる動物の習性も知りつくしているので、相手がいつどこにいるかだいたいわかった。それぞれの一家はムースをしとめながら移動し、すぐに必要ではない肉と皮は乾燥させてその場に貯えた。こうしてどの家族も行動圏のあちこちに食料の貯蔵場ができた。獲物の乏しい時期になると、貯蔵場に行って食料を出した。

夏のムース猟のあいだ、猟師とその家族は差し掛け小屋に暮らしながら転々と移動した。柱に屋根を斜めにたてかけた差し掛け小屋は、組みたても解体も簡単だった。猟師はムースをしとめると、内臓を出して解体し、キャンプに戻った。妻は寝具用の皮とシラカバの樹皮でできた釜と道具と裁縫用具を背負い、獲物のある場所にキャンプを移した。猟師はふたたび仕事に戻った――来る日も来る日も、猟に終わりはなかった。

いまは忍び猟の時期だった。猟師は新しいムースの足跡を探し、性別と年齢を読みとり、向かった道筋を判断することに全力を傾けた。猟師は静かに移動した。ムースのたどった道を離れ、弧を描くように迂回して風下にまわり、ふたたびムースの道に戻った。やがて新しい足跡が消えた。獲物は彼が今たどってきた半円の範囲にいる。猟師はその範囲をやはり弧を描くように静かに偵察した。まず風下に向かい、横切り、風上に向かった。いたぞ！　あのハンノキの茂みに黒いかたまりが見える。ふたつの大きな耳がうちわのように動いて蚊を追いはらっている。猟師は動きをさらにゆるめ、それとわからないほどゆっくり近づいた。これで狙いは完璧だ。ムースは気づいていない。猟師は自作の歌を静かに歌い、これから起きようとしていることについてムースの許しを請うた。この狩りの歌さえも、みごとに状況に適合していた。音と響きはムースに驚戒心を抱かせることなく、好奇心だけを刺激した。耳に心地よく響く不思議な音をつきとめようと、巨大なかたまりは立ちあがって大きな耳をじょうご状に広げた。弓が鳴り、ムースはのけぞった。鋭い石のやじりが突き刺さってもムースは逃げなかった。同じような痛みは、枝にぶつかってしょっちゅう経験していた。猟師は身じろぎもせず、まじないの歌を歌いつづけた。メスのムースは急に眠気に襲われて頭を垂れた。やじりの鋭い刃が胸の奥の大動脈を切断した。ムースは腹ばいになり、横向きに倒れた。猟師の歌はさらに数分つづいた。やがて歌が終わると、猟師はムースに近寄って弓の先でムースの目に触れた。反応はなかった。ムースは死んだ。

猟師はしとめたムースの皮をはいで解体し、苦労してキャンプに持ちかえった。いつもならキャンプをこの場に移すのだが、今回はキャンプから近く、丘をいくつか越えるだけだったからだ。何度か往復して、ようやく一頭分を運びきった。むだになる部分はほとんどなかった。肉は骨から切りはなして乾燥させた。骨はゆでて割り、栄養豊富な髄をとりだした。薄層状の腹部の脂肪は、シラカバの樹皮で作った容器に注意深く詰めて、冬に備えて貯えた。すねの骨はとっておいて革なめしを作り、あとで物々交換に使った。下顎と臼歯は、原始的ながら十分使えるのこぎりになった。

大きく重い生皮は、入念にこすってから乾燥させた。あとでもう一度なめしなおし、最後に弱い火でいぶすと、驚くほど軽くて丈夫で便利ななめし革になった。各部分の皮は、それぞれに厚さとしなやかさに応じた使い道があった。耳の皮も、毛のついたままなめして、冬用の暖かな帽子になった。

豊かな恵みを手に入れたディンジェ族の一家は、たっぷり栄養をとった。火のそばではいつもなにかしら肉があぶられていた。ムースをしとめると、まず最初に頭を食べた。頭は編んだ革ひもで吊され、炭の上でくるくる回転した。貪欲なくちびると垂れた鼻の筋肉繊維は極上のごちそうだった。きめが細かくて甘い巨大な舌は、シラカバの釜に熱した石を入れてゆでた。

夏が終わりに近づいた。夜は薄暗く暮れるようになり、やがてまっ暗になった。ムースの民は山に向かって南へ移動した。しだいに森はまばらになり、トウヒのあいだに多くのドウォーフバーチが混じるようになった。まもなく両側に岩壁の張りだした山が迫る場所に着いた。ドールシープ猟の季節の到来だ。

パートナーたちはいつものキャンプ地に再集合した。女たちは靴底を特別に厚くした新しいモカシンを作りながら話に興じた。子どもたちはコケや地衣類の分厚いじゅうたんの上で転げまわった。猟師たちは道具を修理し、新しいわなを編み、ときどきドールシープのいる山の上のほうに偵察に出かけた。

数群のヒツジを見つけ、その位置を確認すると、猟師は行動を開始した。大きく弧を描くルートを慎重に登り、ヒツジを遠巻きにしてその真上に出た。猟師たちは斜面に散らばった。あとで女たちが真下から追ってくる。そのとき山の上へ逃げるドールシープがとるであろう道筋を、男たちは経験から判断した。男たちは逃げ道沿いに転がる崩れた大岩のあいだにわなをしかけた。わなに不向きな場所には猟師自身が隠れた。彼らの手元には、弓と、石のやじりをつけた矢と、数本の槍があった。待ち伏せ開始だ。

はるか下にキャンプが見えた。山の影が徐々にキャンプに近づいていた。影がキャンプに届くと、猟師たちは神経をとぎすませ、期待に体を震わせた。

下のほうで岩が転がる音がした。いたぞ！　白いものがちらりと横ぎった。また来た！　まもなくヒッジの群れが視界に流れこんできた。ヒツジは急斜面を軽々と走った。先頭を弾むように跳ねてくるのは二カ月齢の赤ん坊だ。そのうしろからメスがついてくる。この群れはほとんどがメスと生後まもない子で、一歳の子と二歳のオスが数頭混じっていた。一頭のメスがわなにかかり、倒れてもがいた。あとにつづくヒツジはメスを避けるようにわきにそれた。矢が空を切り、命中した。ヒツジは倒れて転がった。数秒のあいだに矢がつぎつぎ放たれた。猟師はとびだし、わなにかかったヒツジを槍で殺した。この仕事はすぐに終わった。しとめたヒツジは全部で十四頭。これだけの肉と皮があれば、女たちは当分忙しいだろう。

ドールシープの死体は軽く、ひとりで丸ごと一頭かつげた。猟師たちはキャンプを目指し、列になって山を下りた。

共同体全体で行うドールシープ猟は、高山地帯の岩がうっすらと雪で覆われるまでつづいた。雪が降ると岩は滑りやすくなり、ムース革で作ったディンジェ族のモカシンではしっかり踏んばれなかった。もはや山中の移動は危険だった。それよりも、いまは間近に迫った亜北極の冬に備える時期だった。ムースの民は幾束もの干し肉とヒツジの皮をかついでタイガに戻った。

動物たちが冬毛を得る月〈ナディルベサ〉の季節になり、カエデに似たムースベリーの赤褐色の葉が黄色いトクサに映えた。シラカバとアスペンは鮮やかな黄色と橙色に輝き、トウヒの緑に映えた。平らな湿地ではスゲが枯れて茶色くなり、黒い水たまりをふちどった。朝になると帯状の霧が渦巻きながら谷間を流れた。

秋はムースの民にとって困難な季節だった。冬は楽しかった――かんじきを巧みに操ってタイガに君臨できた。けれども秋は気温の変動が大きく、小川や湖の氷はカヌーで通るには厚く、歩いて渡るには頼りなく、雨と湿った雪がムース革のモカシンと服を濡らした。なにもかもがたくらんだように猟師の動きを奪った。このため本格的な亜北極の冬がタイガを覆うまで、ムースの民は長距離の移動を避け、棒とコケで居心地のよい家をつくった。猟師とクラはここでも協力しあい、二家族合同の家を建てた。

秋の家は樹皮で作る魚捕りキャンプと形は似ていたが、棒と丸太はもっと頑丈なものを使用した。壁と屋根はタイガの林床から切りとったイワダレゴケで覆い、分厚く暖かだった。室内の炉に火をおこすと、小屋じゅうに湯気がたちこめた。数日間、室内には不快なほど湿気が充満したが、壁と屋根のコケが乾くと、たちまち乾燥した快適な空間になった。

秋の雨はシラカバの葉を散らし、タイガの林床に張りつけた。つづいて早い雪が木立のあいだをささやくように舞い落ち、〈ゼークインゼー〉と呼ばれるトウヒの根元の暗い地面を白くふちどった。ムースの民は家のなかで忙しく働いた。女たちは冬の衣服を作った――モカシンとレギンズを縫いつけたズボン、カリブー革のコート、ウサギ皮の靴下、ウサギ皮を細長く切って編んだ毛布。男たちは木を削って新しいかんじきの枠を作った。枠に細い革ひもで六角形の網目模様を編みつける複雑な作業は、女たちが受けもった。

オスのムースが発情する月〈ニックンサ〉の季節が終わりに近づいていた。森には雪が積もり、空気は乾燥しておだやかになった。まもなくこのあたりにカリブーが姿を現わし、ディンジェ族はまた狩りを始めるだろう。

男たちは何日も戻らずに数キロにおよぶ追いこみ柱を補修した。移動するカリブーの群れを限られた場所に集めるしかけである。ある日「エッテン！　エッテン！」という叫びが猟師から猟師に伝えられた。カリブーがやってきた。

むかしからの移動路を最初にやってきたのは、メスと生まれてまもない子と一歳の子だった。追いこみ柱に行きあたったカリブーは、向きを変えてフェンス沿いに走った。カリブーにあわてたようすはなく、ディンジェ族は脅かさないように注意した。

カリブーは知らず知らずのうちに池の縁に追いこまれた。その部分は池につきだしていて、両側には水が広がり、抜けだすにはフェンスの隙間を通るしかなかった。隙間にはすべてわながしかけられ、猟師が隠れて見張っていた。全部のわなにカリブーがかかってもがいているのを見届けると、猟師は矢を放ち、槍を使って仕事にとりかかった。

十二月に入ると、太陽は雪をかぶった南の山頂からほとんど離れなくなった。低くとどまったままの太陽は、金色と紫色に染まった空に雪をかぶった頂の影を投げかけた。山々が「空にせり上がり」、ディンジェ族に冬祭り〈チッチウン〉の季節の到来を告げた。

人々はコケの小屋を離れて村に集まり、家族ごとに一軒目の冬の家を建てた――細長い棒を組んだ半球形の枠にムースの毛皮を張り、外側には断熱のために厚く雪を積んだ。床に敷きつめたトウヒの小枝がつんといい香りを放った。どの家も中央に炉があり、炉の上部の屋根には煙穴が開いていた。内外の温度差が非常に大きいため、雪の隙間からたえず新しい空気が流れこみ、室内の空気はいつもきれいで新鮮だった。

ムースの民のチッチウンの祭は、つぎつぎに物語を語ることから始まる。二十四夜にわたって、大人も子どもも古老の話にうっとり耳を傾ける。古老が語るのはムースの民の歴史であり、神人〈ツァオシャ〉が人々のあいだで生きていた偉大なる日々の物語であり、グリズリーと素手で戦ってしとめ、その肉を飢えた人々に持ち帰った猟師の物語であった。

人々は毎晩違う家に集まり、子どもたちは夜ごとに部族の伝統を学んだ。なぜグリズリーを敬うのか、なぜ絶対にラッコを殺してはいけないのか、なぜトガリネズミをなによりも恐れなければならないのかを学んだ。アビの鳴き声で天気を知る方法を学び、ムースを見つけたワタリガラスの鳴き声を聞きわける方法を学んだ。物語とことわざは、人々をひとつに結ぶ文化と伝承の糸だった。ディンジェ族の歴史としきたりと道徳がすべて語りつくされると、二日間にわたって鉤《かぎ》のゲーム〈チッチウン〉がくり広げられた。猟師が家族とともに家にいると、突然、カリブー皮の扉がはねのけられ、長い棒が突っこまれた。棒の先には革ひもが下がり、先端に木製の鉤が結びつけられていた。猟師は男の名前を大声で叫んだ——なんの反応もなかった。別の名前を叫んだ——やはりなんの反応もなかった。ようやく名前を言いあてると、鉤が揺れた。つぎに猟師は物の名前を叫んだ——ムースの干し肉——反応はなかった。石おの？反応はなかった。かごいっぱいのコケモモ？　鉤が揺れた。鉤にかごを吊すと、棒はドアから消えた。

その日一日じゅう、猟師の一家は大声で笑いながら鉤の欲しがるものをつぎつぎに与えた。夜になるころには、ほとんどなにも残っていなかった。翌日は彼の一族が押しかけて鉤を突きだす番だった。家に戻るころには、道具や衣服や食料がまたすっかりそろっていた。新しいものもあれば古いものもあったが、どれもみな贈りものだった。贈りあう慣習が猟師とクラを感謝の心で結んだように、チッチウンはムースの民をひとつに結びつけた。どんなに遠くまで旅をしようとも、ディンジェ族の人間は残りのディンジェ族全員ときょうだいどうしであることを知っていた。鉤のゲームが彼らをきょうだいの絆で結んだ。

つづいてほかのゲームが行われ、二十時間におよぶ夜はたくさんの物語であふれた。過ぎた年のうわさ話やできごとがすべてもう一度語られた。貯えてあった肉や魚や脂肪や木の実が出された。ムースの民は人生を楽しんだ。

全員が集まるこの機会に、共同体の宗教儀式が行われた。祭司であるシャーマンが儀式を宣言し、定められた夜に全員が一軒の家に集まった。シャーマンが入場し、枝を敷きつめた床にまじないの道具をまっすぐ突きたてて歌いだした。その歌はたいへん古く、悪いシャーマンが死に、その霊が何カ月もとどまって人々を苦しめた時代を語っていた。狩りはふるわず、大勢の病人が出た。彼らのシャーマンは夢を見た。夢のなかで、守護霊であるワタリガラスから指示を受けた。シャーマンは人々に命じ、家を移し、すべての衣服とマントと皮の寝具を冬の空気にさらし、すべての道具を湯にくべて煮沸させた。こうして彼らを苦しめていた霊を追いはらうことができた。物語が終わっても人々はじっと黙っていた。シャーマンは、まじないの道具をつかむと炉のそばに突きたてた。そして倒れこむように床に手足をついた。体は震え、歯はがたがた鳴った。突然、杖が揺れて倒れた。人々は息をのんだ。杖は猟師の年老いた母親を指していた。母親は無言で頭を垂れた。シャーマンは立ちあがり、まじない薬の入った袋から黒い粉をひとつまみ取りだした。粉を火にふりかけ、杖を拾うと、家を後にした。

雪をかぶった山頂の背後から太陽がふたたび顔を出した。チッチウンは終わり、大きな月〈サッコ〉の時期に入った。昼の時間が徐々に長くなり、寒さは厳しさを増した。

ひと家族、またひと家族と、ディンジェ族は冬の猟場に戻った。猟師とクラは持ち物をトボガンに積みこんだ。トボガンは女たちが交代でひいた。男たちは雪に覆われたタイガを駆けまわった。狩猟用の巨大なかんじきのおかげで、軽く柔らかな積雪でも沈まずに動けた。男たちは一日じゅう、トボガンの進路から大きく弧を描くように離れては戻った。こうして数日が過ぎたが、新しいムースの足跡は見つからなかった。

やがてクラが二本の深い溝を見つけた。ムースが通った跡だ。足跡はまだ新しかった。クラは即座にその跡を追った。いつも落ちあう時間にクラのかんじきの跡がなければ、猟師はすぐに引きかえして同じムースの跡を追ってくるはずだ。

雪をかぶった遠い山頂に太陽が沈むころ、猟師はクラに追いついた。ふたりは力を合わせてその夜の野営の支度にとりかかった。かんじきをシャベルがわりに雪を積むと、たちまち大きな雪塚ができた。ふたりはその場を離れ、薄れゆく光のなかで、この先につづいているムースの足跡を詳しく調べた。ムースの向かった方向がわかった。翌日に自分たちが向かうべき方向もわかった。

ふたりが雪塚に戻ったときには、雪の結晶が再結合して、比較的しっかりしたかたまりになっていた。ふたりは塚の下部を一カ所、慎重に掘りはじめた。交代で掘っては内部の雪をかきだし、直径一・八メートルほどの半球状の空間を作った。コケに覆われた地面から雪をていねいにとり除けば、小屋の完成だ。ふたりは服をよくはたいて、雪を一片残らずふり払った。そして雪小屋にもぐりこむと、このために持ってきたカリブーの皮で入口をふさいだ。

亜北極の夜のあいだに、厳しい寒気がタイガを覆った。雪の表面や樹木やウサギやムースから熱が奪われ、外宇宙へ放射された。木は音をたてて割れ、凍てつく空気に浮かぶ霜の結晶が月光を反射してきらめいた。けれどもふたりの猟師は雪小屋で快適に眠っていた。上にある厚い雪の層がふたりを空の無限の熱シンクから守り、下からは地面からたちのぼる熱が暖めた。彼らが眠っているあいだに、すぐそばのコケのあいだからヤチネズミが顔を出した。ネズミは地面をあわてて駆けまわり、別のトンネルに飛びこんだ。

猟師たちはすっかり体力を回復して目覚め、カリブー皮の扉を開けて天気を確かめた。雪をかぶったトウヒが金色と紫色の空に向かってそびえていた。冷たく乾燥した空気が室内に流れこみ、内部の暖かく湿った空気と入れかわって、雪小屋の外には氷霧の雲が浮かんだ。カナダカケスが翼を広げて滑るように舞いおり、雪に突きたてたかんじきに止まった。カケスは首を傾げ、そっと鳴いた。一羽のワタリガラスが頭上で弧を描き、冷たく濃密な空気を受けて風切り羽が鳴った。

猟師たちは数片の干し肉を噛みながら、弓と弓のつるを念入りに点検した。モカシンを履いた足にかんじきをはめ、ムースの足跡の追跡を再開した。

太陽が空高く昇るころには、猟師たちは山の尾根に達していた。遠く前方の谷間にムースが見えた。クラは道を離れ、遠く迂回して、別の方向からムースに近づいた。

猟師は、クラの姿がつぎの尾根に現われるのを待って追跡を再開した。ムースは、おだやかで濃密な空気のなかでクラの音に気づき、進路を変えた。その方角には猟師の家族のキャンプがあるはずだった。猟師とクラはわきに離れてムースの足跡をたどり、巨獣を追いこんだ。

太陽が最高点に達し、猟師たちは足を速めた。ムースの速度も増した。だが、ムースは深い積雪を踏みわけながら長時間走りつづけることはできない。やがてムースは立ちどまり、脇腹を波打たせながらふり向いて、追跡の音がするほうを確かめるだろう。ムースの息は氷霧の雲になって広がった。薄い氷霧の雲がムースのたどった道を示していた。

ついにムースは消耗しきってふり向き、追跡者と向かいあった。猟師たちは慎重に包囲を狭めていった。たとえ消耗しきっていても、ムースが恐るべき動物であることに変わりはなかった。弓が鳴った。ムースがうずくまった。猟師もクラも動かなかった。数分のうちにムースはがっくりひざを折り、巨体が雪に崩れおちた。

さらに数分待ち、弓でムースの目に触れて死んでいることを確かめてから、猟師とクラは巨大な死体の皮をはぎはじめた。ふたりは手早く作業を進めた。凍りついてびくともしないかたまりになるまえに肉を切り分けなければならなかった。解体がい

くらも進まないうちに、太陽は雪をかぶった山頂の陰に沈んだ。クラは解体をつづけたが、猟師は作業をやめて手の汚れを落とし、野営に備えて雪塚作りにとりかかった。雪を積み終えると、また解体に加わった。

夕暮れになっても大半のムースの肉は手つかずのままだった。今度はクラが作業をやめ、手の汚れを落としてかんじきをはいた。クラは付近から乾いた木を集めて解体現場に持ちかえった。

クラはかんじきを脱ぐと、シャベルがわりに使って雪を少しとりのぞき、慎重に木を組んで小さな台を作った。つぎに火をおこす道具を火袋から取りだした——バーチファンガスというキノコの一種を乾燥させたもの、棒一本、ひも一本、棒をはめて使うイガイの貝殻で作った吹き口。クラは片方のかんじきに腰をおろし、キノコをひざにはさんだ。吹き口に棒をはめ、ひもを棒に巻きつけて行ったり来たり回転させた。棒はキノコのなかで回り、まもなくひと筋の煙が昇った。注意深く空気を送りながら棒を回しつづけると、まもなく小さな炎が見えはじめ、つづいて台に本格的な火がついた。

まもなく火のそばにムースの頭が吊された。ムースの頭部はゆらゆら回りつづけた。明滅する炎を頼りに、ふたりのディィンジェ族の男はムースの解体を終えた。肉と皮を雪に埋め、その上にさらに雪を積んだ。こうしておけば肉は雪の断熱効果に守られ、女たちが処理を終えるまえに固く凍結してしまうことはない。

仕事を終えたふたりの猟師は、ムースの頭部の極上の肉を食べた。柔らかい鼻の肉を堪能し、舌は裂いてあぶった。満腹になると、雪塚の内部を掘りだして小屋を完成させ、なかにもぐりこんでぐっすり眠った。

翌朝、猟師は家族のキャンプに急いで戻った。クラは残って肉を見張り、新たな家族キャンプの設営にとりかかった。雪をかいて用地を整えていると、カナダカケスがやってきて、肉のかけらと凍った血を始末した。カケスは肉のかけらに食いついて雪から引きはがし、トウヒの木立の一番茂ったところまで苦労して運んでいった。くわえた肉を木の股に押しこむと、また舞いおりてかけらを探した。

クラはかんじきをはき、トウヒの枝を集めてキャンプ地に運んだ。まもなくトウヒの小枝を厚く敷いた直径四メートル半ほどの床ができた。つぎはたきぎが必要だ。遠くでワタリガラスが鳴き、女たちとトボガンの到着を知らせると、クラは武器を用意して、早足で森に向かった。狩りをして肉を手に入れる――男の仕事に終わりはなかった。

地球は日増しに太陽の方向に傾いた。木から雪が落ち、ディンジェ族の猟師のかんじきが踏む雪は締まってきた。狩りは容易になり、ムースの民は生死ぎりぎりの状態を抜けだした。男たちはムース以外の動物の——労力のわりにとれる肉の量が少ない動物の——狩りに時間を費やせるようになった。

風で倒れたトウヒがもつれて山になっていた。そのそばの穴から水蒸気がひと筋上っていた。猟師は大喜びでそっと近づき、かがんで蒸気の匂いを嗅いだ。下にはクロクマの冬眠する洞穴があった。

猟師は大急ぎでその場をあとにすると、まずクラに教えてから、いま一番近くに住んでいるディンジェ族に知らせるために二日がかりの旅に出た。

四人のディンジェ族の猟師がクマの穴のまわりに集まった。猟師たちは通常の武器のほかに頑丈なさおを用意していた。もっとも屈強なふたりが穴の両脇に控え、穴を挟むように置いた二本のさおを押さえた。ひとりの猟師が槍を構えて立ち、もうひとりがさおに挟まれた部分の雪に先端のとがった長い棒を突きたてた。穴のまわりの雪は崩れ、もつれたトウヒの下に洞穴が現われた。

鼻を鳴らす音が穴から聞こえ、つづいてうなり声が響いた。穴を探る棒は勢いを増した。穴のなかで枝が折れる音とうめき声とうなり声がさかんに響いた。ついにクマが穴から姿を現わした。穴の両脇に控えたふたりは、二本のさおを勢いよく合わせてクマの首を挟み、全身の力をこめて締めつけた。クマは穴から飛びだして、ふたりを引きずりまわした。二本の槍がクマの肋骨のあいだにぎらりと突き刺さった。クマは転げまわり、はずみで片方のさお係が空中に放りだされて、さおから手を放した。クマは男を追いかけた。一本の矢が空を切った。クマは男の上腕に噛みつき、ふりまわし、その上に倒れこんだ。

残りの男たちが駆けより、死んだクマを引きずりおろした。怪我を負った男は静かに横たわっていた。ひとりの男が服の袖を切りとると、腕には深い穴が開いていた。骨折しているのはあきらかだったが、動脈は切れていなかった。ふたりの猟師が袖で傷を覆いなおし、さらに腕と手をカリブー皮の敷布でくるんだ。

ひとりがかんじきを履き、ホームキャンプに向かって急いだ。普通なら丸一日かかる距離だった。残った男たちは雪を積んで小屋づくりにとりかかった。ひときわ大きい雪塚ができると、ひとりが台を整え、残りは薪を集めた。たき火が勢いよく燃えはじめ、怪我をした仲間を火のそばの暖かい場所に寝かせると、男たちはクマの解体にとりかかった。

男たちは、つややかな黒い毛で覆われた分厚い毛皮を怪我をした猟師のところに運び、にやにや笑いながらその横に広げた。つづいて死体を切り裂き、心臓を取りだして、傷ついた猟師に見せた。ひとりが湯気のたっている心臓を薄く切り、傷ついた猟師に食べさせた。クマの心臓を食べることで、その力と勇気を体にしみこませることができる。残りの男たちは、知らせにいった男が戻るまで心臓に手をつけようとしなかった。

解体はまもなく終わり、肉は雪の下に貯えられた。男たちはたき火で肉のかたまりをあぶりはじめた。ひとりの男が怪我をした男の腕の覆いをはずし、生焼けの肉を手にとって絞り、血と肉汁を傷にしみこませた。手当てが終わると腕を覆いなおした。

夕暮れが近づき、男たちは雪塚の内部を掘って怪我をした猟師を移した。ひとりが怪我をした男につき添い、もうひとりはかんじきを履いて木立のあいだに姿を消した。狩りに終わりはなかった。

翌日、太陽が高く昇りきるまえに、知らせにいった男がトボガンをひいて戻ってきた。怪我をしたディンジェ族の男をカリブーの皮でくるんでそりに乗せ、クマの毛皮をその上にかけ、クマの頭蓋骨をトボガンのカールのてっぺんにくくりつけた。

ホームキャンプに着いたのは翌日のことだった。猟師とクラの家族のもとにほかの男たちの家族も合流した。すでにシャーマンに使いが出されており、まもなく到着するはずだった。

シャーマンが到着すると、全員が一軒の家に集まった。クマの毛皮に身を包んだシャーマンは、家に入ると枝を敷きつめた床にまじないの道具を突きたてた。シャーマンは古い歌を歌った。歌は過去のクマ猟師たちの偉業を語り、彼らがいかにして傷を負い、いかにして回復したかを語った。最後に今回の狩りの物語をつけ加え、この猟師も同じようにまじないの力で回復するように祈った。そして怪我をした腕を引っぱり、折れた骨を整え、副木がわりに、なめしていない固いムースの皮で包んで固定した。怪我をした男はうめき声ひとつ漏らさなかったが、その目は苦痛のあまり暗くよどんでいた。

シャーマンは、三日ごとに腕の覆いをはずし、傷口に暖めたトウヒのやにを塗るように命じた。そしてまじない袋から細かい粉をひとつまみ取りだし、火の上にまいて家を出た。

ムースの民は家を冬の猟場に戻さなかった。チッチウンのときにシャーマンが、猟師の年老いた母が死ぬと予言したではないか？　かわりに男たちはホームキャンプ周辺でムース狩りをした。怪我をした猟師とその家族が暮らしに困ることはなかった。彼らのところにはすべての獲物の一番いい部分が運ばれてくることになっていたからだ。

年老いた母親は忙しかった。嫁に手伝ってもらいながら、柔らかな金茶色のムース革で礼装用のシャツを新しく仕立てた。死に装束が完成すると、老いた母親はカリブー皮の床に横たわり、二度と起きあがることはなかった。日に日に衰弱が進み、一週間たたないうちに亡くなった。

冷たい風の月〈チッシアサ〉の季節になった。太陽は真東から昇って真西に沈み、昼は日増しに長くなった。雪に光が反射して、きらめく無数の小さな太陽を生んだ。北極高気圧はまだディンジェ族の土地から離れようとせず、気温は氷点下三十度から四十度のあいだで停滞した。風は強烈というほどではなかったが、ほとんど風が吹かない真冬の深々とした冷えこみとくらべると、この時期の寒さは身を切るように感じられた。

目のくらむ光を和らげようと、人々はほほとまぶたを炭で黒く塗った。積雪は狩りには最高の状態だったが、ほほに炭を塗っても雪に反射する光に目をやられ、動きを奪われがちだった。しとめたばかりの新鮮な肉は手に入りにくくなり、人々は貯蔵場から出したムースの干し肉や干し魚や脂肪でしのいだ。

太陽は北寄りに移り、北東から昇って南の空を大きく移動し、北西の地平線に静かに沈んだ。積雪は日ごとに締まり、表面は日ごとに固くなった。トウヒの根元に積もった雪に小枝や葉が姿を現わし、幾日もしないうちにゼークインゼーの雪は消えた。長い昼は、白と薄青と金と緑の織りなす目のくらむ万華鏡の世界だった。食料の蓄えはしだいに底をつき、ひもじさを感じる者も出はじめた。

日中、雪はゆるんで水浸しになり、不快感はさらに増した。目のくらむ光をかわしながらなんとか狩りを終えると、かんじきに張った網は水を含んでたるんで破れ、ムース革のモカシンとすね当ては濡れて再凍結して、固くなってひび割れた。濡れた雪は歩くと音がするため、ムースに忍び寄るのはまず不可能だった。

凍結した湖に積もった雪は水浸しになった。川を覆う氷は流れる水に下から削られ、渡るには危険だった。

小さな池からつぎつぎに氷が消えた。氷は早瀬からも姿を消した。凍った沼地は解けた。ようやく新鮮な肉への渇望を満たせる時がきた。沼地の凍結が解ければ、マスクラットの季節だ。男たちはボートに乗り、沼地のまわりのヤナギの茂みをゆっくり静かに巡回した。まもなくしとめたマスクラットがたき火の上に吊され、揺れて回転した。だが、マスクラットの肉はムースとはくらべものにならないほど少なく、人々の飢えを和らげはしても、満たしはしなかった。

川の氷が割れた。氷のかたまりはもみあって下流に向かい、衝突する重い音と、鋭くきしむ音が響いた。人々は魚捕りキャンプに移り、やなをしかけて待った。キャンプを離れて、長期のムースやヒツジ猟に出ることはなかった。銀色の群れがいつ押しよせてくるかわからなかったし、いざ来たときには、壮健なディンジェ族の男が総出で獲物を捕らなければならなかったからだ。

彼らは何日も待ちつづけた。ときおりカワヒメマスが来たり、ときにはリングが来ることもあったが、水をはねあげて川をさかのぼるホワイトフィッシュとサケの大群は来なかった。人々は古い貯蔵場をあさって肉のかけらを探した。ついにはアカリスを捕って食料にするところまで追いつめられた。

猟師は三匹の小さなアカリスをキャンプに持ちかえった。たとえ彼の家族がどんなに飢えていても、食料となる動物はすべてクラの家族と分かちあう掟だった。二家族がみじめなほど小さな肉をあぶっていると、上流でワタリガラスの声がした。ムースがいるのだろうか？ いや、あの鳴きかたは人間がいるしるしだ。だが、キャンプには全員そろっている。よそ者にちがいない。

人々は川岸に走り出てよそ者を迎えた。蛇行する川の上流から、五人が乗ったいかだがやってきた。奇妙な人々だった。着ているものはムース革ではないし、大きくて角張った黒いモカシンを履いているし（ほんとうにあんなに大きい足なのだろうか）、顔はやぶのような毛で隠れている。おまけにいかだにあんなにたくさん荷物を積んでいる！　きっと途方もない金持ちなのだろう。あの五人の積んでいる荷物は、このキャンプ全員の持ちものを合わせたよりも多いではないか。

ディンジェ族の人々はよそ者の言葉がわからなかった。「中尉、やつら友好的なようですね」「ああ。だが、あのみすぼらしいようすでは、たいしたものは調達できないだろう。伍長、いかだを着岸させろ」「了解」いかだは岸をこするように進んだ。よそ者のひとりがロープを投げてよこし、ひとりのディンジェ族が木に巻きつけた。人々はよそ者を半円にとり囲んだ。シャーマンが進みでて、まじないの道具を地面に突きたてて歓迎の歌を始めた。「あの男、なにを言っているのでしょうか、中尉」「さあ、わからんね。とりあえずビーズをやっておけ、伍長」よそ者のひとりがシャーマンに小さな箱を手渡した。シャーマンはおじぎをしてうしろに手をやった。ひとりのディンジェ族がその手に貴重な古いホワイトフィッシュの干物を一切れ持たせた。シャーマンがそれをよそ者に差しだすと、相手はうさんくさそうに受けとった。「これはなんでしょう、アレン中尉。いりますか」「いや。箱に放りこんでおけ。あとで捨てればいい。大人の男全員にビーズを配れ。友好を保つ必要がある。あとでなにか調達できるかもしれんからな」

猟師とクラをはじめ、男たちはみなビーズの入った箱を受けとり、よそ者の豊かさぶりに驚嘆した。クラは身ぶりでよそ者たちを火のそばに招き、上座に座らせて、あぶった三匹のリスを差しだした。「ネズミだ！」伍長が叫んだ。「ネズミを食わせるとは、なにごとだ！」「軽蔑のしるしに違いないな、伍長。こいつらは見かけほど友好的ではなさそうだ。あの酋長に友好のしるしに小麦粉の小袋をやって、さっさと引きあげよう。頭の皮をはがされないうちにな」「了解」

よそ者の突然の出発に驚いた人々は、川岸を走って追いかけた。ほんとうに行ってしまうとわかると、何人かの男が川に入り、やなのさおを抜いていかだを通した。いかだは川を下って姿を消し、残されたディンジェ族の人々は当惑して見送った。シャーマンは小麦粉の袋を手にとり、しげしげと調べた。袋を開け、白い粉をひとつまみ取りだした。シャーマンは粉をなめ、吐きだした。もうひとつまみ取りだし、そばで燃えている火にまいた。その燃えかたに納得すると、袋を閉じて家に持ちかえった。

やなのさおを戻していた男が歓声をあげ、全員が川に戻った。魚だ！　最初のさざ波が川面に現われた。翌日には群れの遡上は最高潮に達し、わなはひっきりなしに引きあげられ、中身を空にするとすぐにしかけなおされた。女たちの前には魚がうずたかく積まれた。たちまち空気には魚の匂いが充満した。火をおこして石を熱し、樹皮でできた大釜に湯を沸かした。尾の巻いた猟犬は、魚のはらわたや切れ端を腹いっぱいむさぼり、日だまりで横になって眠りに落ちた。人間も同じように新鮮な魚を食べ、日だまりで眠りに落ちた。人生は満ちたりていた。

魚の遡上が鈍り、棚が魚の重みでたわむと、シャーマンが儀式を宣言した。その夜、人々は笑って冗談を交わしながら一軒の家に集まった。シャーマンは家に入り、まじないの道具を床に突きたてて歌いだした。まばゆい光の季節に人々が経験した苦難を歌い、川の氷が割れるさまを歌い、マスクラット狩りを歌い、よそ者の訪問を歌い、最後に例年になく豊かだったサケの遡上を歌った。そして床に手足をつき、体を震わせて横向きに倒れた。シャーマンは目をかっと見開き、歯を食いしばった。人々は物音ひとつたてなかった。長い時間が過ぎ、赤ん坊がむずかった。母親がその口を手で覆った。火がしだいに弱まり、ついにおき火になったとき、シャーマンが体を震わせはじめた。シャーマンは目玉をぐるりと動かし、一点を見つめ、よろよろ立ちあがった。顔は青ざめていた。

「ムースの民よ、聞くがよい。わたしは遠くまで旅をした。人としてわれわれのあいだで暮らしていた時代の偉大なるツァオシャに会った。わたしは旅をして現在に戻り、そして未来を訪れた。このあいだ出会ったようなよそ者を大勢見た。よそ者はわれわれの土地に大挙して押しかけ、大きく固いモカシンでムース道を踏み荒らした。彼らは川の泥と砂利を掘りかえした。煙が充満し、タイガは焼き払われた。ムースはすべて殺され、カリブーは姿を消した。魚さえ来なかった。よそ者が川を岩と泥でせき止めて湖を作り、魚が迷子になってしまったのだ。聞くがよい、ディンジェの民よ。そこにおまえたちは存在しなかった。ムースの民は散り散りになり、わずかに残った者は病んで飢えに苦しみ、よそ者の奴隷となった」

シャーマンはまじない袋からよそ者の白い粉をひとつまみ取りだし、火にまいた。そしてまじないの道具を手に取ると、家を出ていった。人々はその場に残り、消えゆく残り火を見つめつづけた。

生命は続く

サスカチュワン州北部を流れるフォンデュラック川の北岸に、切りたった岩の断崖があった。そこから三百メートルほど内陸に入ると土地は傾斜して低くなり、成熟したみごとなトウヒの森が広がっていた。トウヒの樹下に積もった雪は軽く柔らかだった。湿ってべとつく温帯の雪とは違う、柔らかな綿毛に似たタイガの雪だった。積雪の表面は一様に平らではなかった。木の根元の雪はどこも深いボウル状にくぼんでいた。上に広がる枝が、降る雪の一部を受けとめてさえぎったからだ。針葉が密生するトウヒの小枝には雪が厚く積もり、枝先は大きく垂れさがっていた。われわれの言語で雪の特徴を説明するのは容易ではない。われわれの言語は、この清らかな乾いた雪の世界から遠く離れた、湿った海洋性気候で発達したからだ。われわれには雪の違いを表現する適切な言葉がない。ここタイガで発達した土着のチペワイアン・インディアンの言語にはそれぞれの雪を表わす言葉がある。チペワイアン族はトウヒの根元のボウル状のくぼみを〈デイチェンヤスドデー〉と呼び、枝に積もったままの雪を〈デイチェンカイシルックトラン〉と呼ぶ。

軽く柔らかな森の雪は、もっともすぐれた天然の断熱材のひとつだ。雪上の世界が氷点下三十四度に冷えこみ、パーカのフードをふちどる毛に霜がつくようなときでも、雪面から十センチほど下は氷点下五度と比較的暖かかった。最下層の雪は独特なざらめ状になり、氷の結晶がもろい格子構造を形づくった。湿気の多いわれわれの言語では、これをしかたなく海洋性気候の冬に見られる霜にたとえて「深霜」と呼んでいる。チペワイアン族の言語には、特徴をより正確に表す〈ヤスコナ（yath-k-ona)〉という言葉がある（kは強く鋭く、独立した音節として発音する）。積雪の最下部ではヤスコナは柱状に分離し、その隙間にはなにもない空間が広がっていた。

そこはほとんど暗黒の世界だった。七十センチの深さに積もった雪を透過するのは、表面に降り注ぐ光の一パーセントに満たないからだ。空気はおだやかで、水蒸気が飽和していた。この一カ月、気温は三度以上変動することはなかった。ヤスコナの繊細な柱は、コケに覆われた林床の上にあった。凍ったコケはもろく崩れやすく、羽毛のような枝は、鼻のとがった体を小刻みに震わせる齧歯類でも容易に押しのけられた。

雪の下の世界では、優れた視力は無意味であり、ばねのような長い脚は無駄であり、カリブーのようなじょうご状のしなやかな耳は役にたたない。大切なのは敵から身を守る避難所の数と、そこまでの距離を把握していることだ。鋭い聴覚よりも、振動を感知する能力のほうが重要だ。ここでは危険を知らせるしるしは、近づく足音が雪のなかを伝わってくる重く鈍い振動のなかにあるからだ。

トウヒの森のこの一画に、ヤチネズミ、または学名を *Clethrionomys gapperi* という小さな齧歯類がいた。ヤチネズミは、コケのあいだに広がる相互に連結したトンネル網に棲んでいた。ここにいる一匹は、脚と尾が短く、体長は十四センチ、体重は半ドル銀貨二枚ほどだった。厚く柔らかな毛に覆われ、脇腹は黄褐色、背は濃い暗赤色だった。目は数メートル先までしか見えなかったが、鋭い視力は雪のなかでは不要だった。聴覚は優れていたが、アカリスほどではなかった。嗅覚は非常に鋭かった。その嗅覚と触覚と振動を感知する能力が、周囲の世界を知る主な手段だった。顔のまわりに突きだした震毛と呼ばれる長く敏感なひげと、手首から生えている短く敏感な特殊な毛で、ヤチネズミは世界を感知した。このひげと毛はヤチネズミの棲む環境に完璧に適応しており、ほかにはほとんど必要なかった。

われわれの基準からすれば、このヤチネズミの世界は広大とはいえなかった。なわばりは千平方メートルをわずかに超える程度だった。その千平方メートルに、トウヒの大木八本、無数のヤナギ、シラカバ五本、枯れて朽ちかけ、コケに覆われた丸太五本と、数年前に風で倒れ、地面を這うように生えているトウヒ一本があった。ヤチネズミはトウヒの大木の周囲には近寄らなかった。デイチェンヤスドデーの下の地面は厚い雪の層に保護されていないため、ヤチネズミの敏感な足には冷たくて耐えられなかったからだ。ヤナギはそれよりはましで、根の下には緊急時に使える小さなトンネルがあった。朽ちかけた丸太もトンネルでつながっていた。だが、最高の避難所は節の多いねじれたシラカバの根だった。ヤチネズミは先祖代々、シラカバの根のあいだにたくさんの曲がりくねったトンネルを作っていた。風で倒れたトウヒは、夏のあいだはコケのはるか上方にあってさほど役にたたないが、この季節になると、まわりの雪の下になにもない空間が回廊のように広がった。ヤチネズミの世界は、夏のあいだはコケのトンネル内に限定されていたが、雪が積もると第三の次元が加わった。いまではコケの上を自由に移動できるだけでなく、上に向かって掘りすすむこともできた。ヤスコナの格子のおかげで楽々動きまわれた。

ヤチネズミがこの空のなわばりを見つけて棲みついたのは、乳離れしてまもない去年の八月のことだった。それ以来、彼はコケの上に落ちた葉や、突きだした茎や幹や、避難所となる穴をひとつ残らず学んでいた。あるシラカバは何年もまえの暴風雨で曲がり、根が一本折れていた。折れた根の先はやがて朽ち、土のなかに穴ができた。この穴にヤチネズミの先祖が棲みつき、今では壁の厚い暖かな巣穴になっていた。

ヤチネズミには、この巣穴からなわばりのすみずみに広がる通りなれた通路網があった。ある通路は朽ちた丸太にある食料貯蔵場につづいていた。これらの通路をあわただしく往復するたびに、土やコケやトウヒの針葉や小枝にヤチネズミの匂いがついた。いつものルートよりも先に進むと、かならず別の個体の匂いにぶつかり、そのたびにヤチネズミはなじんだ環境にひっこんだ。だがいまは、なわばりに接するふたつの方向には、ほかのヤチネズミの匂いがしなかった。そこのなわばりは空だったからだ。今年はネズミの少ない年で、森のいたるところに空のなわばりがあった。それでもヤチネズミは空のなわばりに入ろうとしなかった。自分の千平方メートルのなわばりのなかで欲求は満たせたし、自分の匂いのしないトンネルに入ると、いつものなじんだ環境に戻りたくてたまらなくなったからだ。

今は冬なので、ヤチネズミはさまよいたい強い衝動や、同じ種の仲間を求める切実な欲求を感じることはなかった。曲がりくねった回廊やヤスコナの鳴る小室はほぼ常に暗く、昼夜の区別はあいまいだった。ヤチネズミの行動に昼行性のリズムは見られなかった。体を丸めて巣のなかで眠り、目覚めて空腹を感じると、食料貯蔵場に小走りに急いだ。乾いたブルーベリーを半ダース食べて満腹になり、コケのトンネルを走って風に倒れたトウヒの下に向かった。トンネルはそこで急角度で上に曲がり、突然、ヤチネズミの目の前に空間が広がった。われわれが見たらその美しさに息をのんだことだろう。天井はドーム状で、小さな無数の氷のプリズムが光を反射し、屈折して、青みがかった柔らかな輝きを放っていた。ヤスコナの柱でできた壁は光を反射して輝いた。ヤチネズミが通り抜けた拍子に柱に体が当たり、壁の一部が小さく澄んだ音とともに崩れ、光り輝く断片がピラミッド状に積もった。

ヤチネズミはトウヒの倒木の下に連なる小室を探索した、あとに残った匂いが、彼のなわばりであることを示した。そうするうちに四時間が過ぎ、ふたたびヤチネズミは強い空腹を感じた。前回とは違うトンネルを使ってまた食料貯蔵場に向かった。乾いたクランベリーをたっぷり食べ、飢えは満たされた。すると圧倒的な疲れが襲ってきた。ヤチネズミは懸命に走って巣穴に戻り、着いたとたんに眠りこんだ。

これがヤチネズミの冬の日課だった。雪上の奇妙な白い世界では、太陽が南の空を低く移動したが、ヤチネズミの営みは太陽の動きとは無関係に四時間周期でくりかえされた。ヤチネズミにとって冬はおだやかな季節だった。繁殖の衝動にリズムを乱されることもなければ、突然のにわか雨にコケが水びたしになったり毛が濡れたりすることもなかった。冬場の唯一の危険な時期はすでに無事に終わっていた――亜北極の冬の厳しい寒さがこの地方に停滞するまえに、十分な雪が降り積もったのである。断熱性のある雪が時期までに降らないと、コケは固く凍って通れなくなり、巣穴は快適な暖かさを保てなくなる。なによりも食料を確保できず、体温を安全なレベルに保てない。近くのなわばりが空だったのは、雪の少ない冬が二度つづき、なわばりによっては時期までに雪が積もらず、氷点下三十三度の強い冷えこみから林床を守れなかったからだ。気温から受けるストレスは厳しく、その時期に多くのヤチネズミとトガリネズミが死んだ。

ヤチネズミははっとして目覚めた。震毛が巣穴の壁の振動を感じて震えた。つづいて耳が音をとらえた。こすってすりつぶすような独特の音だった。やがてそっと打ちつける低く鈍い音が伝わってきた。音の強さは、ピークに達したかと思うとすぐに弱まり、ふたたび静かになった。ヤチネズミはまた眠りこんだ。騒がしい音は雪の上で響いており、なわばりの外なので影響を受ける心配はなかった。こする音は雪上を滑るトボガンのもので、打ちつける鈍い音はトボガンを引く五頭の犬の足音だった。犬の先に立って道をつけているのはチペワイアン族のわな猟師で、ミンク猟の新しいわなをしかけにいくところだった。

ヤチネズミの胃は四時間ごとの体内時計に刺激され、空腹を感じておだやかに収縮しはじめた。ヤチネズミは目を覚まし、伸びをして、入念に毛づくろいをはじめた。ヤチネズミが毛づくろいするのは、人間のような虚栄心からではなく、深く刻まれた本能によるものだった。それはまったくの必要性から生じていた。脂じみてべっとり汚れた毛は断熱性に欠けるため、小型の哺乳動物には命とりになりかねない。全身の毛づくろいを終えて、皮膚に貼りついていた毛が一本残らず柔らかに空気を含んでふくらむと、ヤチネズミは巣を出て手近な食料貯蔵場に向かった。今回の餌は乾いた野バラの実だった。ヤチネズミの耳が新たな音をとらえた——雪の砕ける繊細な音につづいて、ヤスコナが崩れる小さく澄んだ音がした。突然、強烈な麝香臭が鼻孔を突き、ほぼ同時に目のくらむ痛みが頭部を貫いた。ヤチネズミの生命は尽きた。

ヤチネズミの頭蓋骨のつけ根には針穴ほどの穴が開いていた。イタチは穴からあふれた三滴の血の滴をなめた。その体は筋肉質で細く、黄色味を帯びた白い毛に覆われていた。イタチは食料貯蔵場からとびだすと、くちびるとほほをヤスコナの柱にこすりつけた。たちまち柱は崩れ、氷の結晶が降りそそいだ。イタチは毛から氷の屑をふり落とすと、コケに鼻をすり寄せてヤチネズミの通ってきた道をたどり、巣穴を探りあてた。イタチは巣穴にとびこみ、二、三度回転すると、またするりととびだした。ふたたび貯蔵場に戻り、まだぬくもりの残るヤチネズミの死体の毛に鼻を押しつけた。イタチにはたまらなくいい匂いがした。その匂いはイタチの生命にとって喜ばしいものすべてを象徴していた。イタチのしなやかな筋肉質の体は、この餌を追い求めて捕らえるために、数百万年におよぶ進化が無数の世代を経て完成させたものだった。

イタチはけっして偶然にヤチネズミを見つけたわけではなかった。イタチにもなわばりがあり、その外周は数キロにおよんだ。なわばりをぐるりとまわるには三週間から一カ月かかった。今回はいつものルートをほんの数メートルずらして、風に倒れたトウヒを覆う小さな雪の山を調べてみたのだった。勢いよく雪にもぐり、枯れて乾いた倒木の枝の下に広がるヤスコナの回廊に入った。イタチの鼻は、数時間前にいたヤチネズミの残したかすかな匂いを嗅ぎつけた。イタチは、進化によって完成された狩りの技術を総動員してその匂いを追った。トンネルはもろい氷の格子をぬうようにつづいていた。ときおりイタチは勢いあまって柱にぶつかり、柱は小さく澄んだ音をたてて崩れた。ヤチネズミが危険を察知する手がかりは、そのかすかな音だけだった。

イタチはヤチネズミの死体を歯でくわえ、一回転して食料貯蔵場から抜けだし、巣に向かった。ヤチネズミの死体を押しながらトンネルを進むと、氷が崩れて音をたてた。だが、もう音を気にする必要はなかった。イタチはくわえていた死体を巣の外に落とし、なかに滑りこむと、一回転してまたひょっこり顔を出した。そして死体を巣にひきいれて食べはじめた。まず最初に紙のように薄い頭蓋骨を噛みくだいて脳を取りだし、温かな汁を音をたててなめた。つぎに腹を裂き、針のように鋭い歯を肝臓に突きたてた。強く引くと、裂け目から肝臓と脾臓《ひぞう》と心臓がすべり出た。イタチは臓物の味に刺激されて夢中でむさぼった。自覚していたわけではないが、ミネラルとビタミンに対する渇望から、それらをもっとも多量に含む部分をまっ先に食べたのである。

イタチは臓物を平らげるとひと休みした。まもなくまた食べはじめたが、食べかたは淡々としており、最初のような狂おしさはなかった。小さな骨は噛みくだき、大きな骨はとりのぞき、皮は鼻で押しのけてはがした。最後に残ったのは足と尾と皮だけで、それらが裏返しになったようすは、あわてて脱ぎすてた手袋を思わせた。イタチは入念に体をなめ、毛についた血や体液をきれいに落とした。つづいて巣からとびだし、崩れたヤスコナの上で転げまわった。毛づくろいを終え、ヤチネズミの痕跡がすっかり消えると、伸びをして、横どりした巣にもぐりこんだ。イタチは体を丸めて眠りに落ちた。その眠りは、一日の仕事を終え、満ち足りた食事にありついた者の眠りだった。

数時間して目覚めたイタチは、巣の匂いをくまなく嗅いだが、狩猟本能をかきたてる新たな匂いはなかった。イタチは巣からとびだし、通路をたどって風に倒れたトウヒに戻り、積もった雪の層を上って外の世界に出た。積もったばかりの軽く柔らかな雪から顔を出したイタチは、まぶしい光に目をしばたたかせた。涙の分泌がおさまると、雪の上にとびだした。イタチの体は十センチほど雪に沈んだ。イタチは手足を体の下で縮めて跳びあがり、足をそろえて着地した。この移動方法は、狩猟の技術と同じように、進化の時間によって完成されたものだ。しかしこの方法は、柔らかく沈みやすい雪の移動には向いているが、ひどく体力を消耗した。このためイタチは、そり犬とトボガンが踏みしめた固く滑らかな道に行きあたると、無意識のうちにその跡をたどった。

新鮮なヤチネズミを食べて十分に眠ったイタチの体には、活力と幸福感がみなぎっていた。イタチはトボガンの跡を跳ね、しなやかな細い体はまたたくまに姿を消した。

突然、奇妙な匂いが漂ってきた。イタチは動きを止め、後ろ足で立ちあがり、首を方々に回して匂いの元をつきとめようとした。嗅いだことのない匂いだった——ヤチネズミでも、ノウサギでも、カナダカケスでもなかった。アカリスでもなかった。そのとき、かすかな動きが目にとまった。その瞬間、狩猟反応が行動を引きおこし、イタチは動く物体に大きく跳びかかった。足をそろえて雪の上におりたとき、固いものが足に触れた。もう一度跳びあがる間もなく、両側の雪が弾けてミンクわなの鉄のあごがイタチの肩と腰を砕いた。イタチは悲鳴をあげ、頭をふりまわし、鉄のあごに食らいついた。イタチの歯は砕けて落ちた。

鉄のあごが閉じると同時に、わなは空中に舞いあがった。わなは、たわめた枝に吊してあり、閉じると同時に押さえがはずれて枝が伸びたのである。わなは振り子のようにゆっくり前後に揺れ、やがて静止した。数滴の血が湯気をたててイタチの鼻腔から滴った。最後の一滴は、水滴を形づくり、凝縮し、落下することなくそのまま凍りついた。冷たい鉄のあごは、たちまちイタチの体から熱を吸いとって空に放射した。一時間もたたないうちにイタチの体は固く凍りついた。

十一日たった。チペワイアン族のわな猟師が、しかけたわなをたどって戻ってきた。昨夜は近くの枝からカナダカケスが舞いおりて、イタチの死体にしがみついた。頭の両側をつつくと凍った眼球がとれたが、カケスは足場を失ってすぐに飛び去った。戻ろうとしたとき、遠くでミミズクの声がした。カケスは近くのうっそうとしたトウヒの木立に逃げた。ようやく落ち着きをとりもどしたときにはすでに暗く、イタチの死体は見えなかった。

猟師は潰れて凍ったイタチの死体を見ると小声で罵った。イタチの毛皮は金にならないうえに、わなが長いこと無駄になってしまったからだ。わながふさがっていたせいで、何頭の貴重なミンクが無傷で通りすぎたことだろう。しかしイタチの毛皮でもわずかな金にはなるので、猟師は死体をわなからていねいにはずしてトボガンに放りこんだ。そしてわなをしかけなおし、イタチの注意をひいた揺れる羽根の房に魚油を数滴ふりかけた。これでまた準備完了だ。

その夜、猟師はトウヒの小枝を分厚く敷いた寝床に座り、死体を慎重に解凍して毛皮をはいだ。ふたたび凍ってしまうまえに、樹皮をはいだ二本のヤナギの枝で作った張り器に毛皮を張ってトボガンに積んだ。肉のほうは雪に放り投げて捨てた。そのうちトガリネズミが見つけて大喜びで食べるだろう。食べきるまでひと月はかかるはずだ。

今回のわな猟は運に恵まれなかった。かかったミンクはわずか四頭。そのうち一頭は年寄りのオスで、毛皮には傷があり、ほかの半分しか価値がなかった。だから彼はイタチの毛皮もミンクと一緒にていねいに乾かしたのだ。

村に戻るとすぐに、チペワイアン族の男は毛皮を全部ハドソン湾会社（北米インディアンとの毛皮取引のために一六七〇年に設立された英国商社）の店に持っていった。店長はミンクの毛皮に息を吹きかけて下毛を吟味し、なにやら紙切れに書いて計算すると、チペワイアン族の男に値段を告げた。男は肩をすくめた。しょせんほかに売るところはないのだ。店長はにやりと笑い、合計額にイタチの分として五十セント足して、サインした紙をチペワイアン族の男に渡した。男は店で日々のバノック（小麦粉とラードで作った落とし焼き風ビスケット）用の小麦粉とベーキングパウダー、昼のお茶用の紅茶、煙草一缶と煙草用の紙一包を買った。妻は子どもたちのために服を選んだ。「あといくらある?」男は店員にきいた。店員はのろのろと勘定を足した。「五十セントだな」男は二十二口径の弾を一箱取った。「これでよし」と言うと、生活に必要な品々をかき集めて店を出た。

二十二口径の銃はタイガで広く用いられている。軽くて安価で、弾薬も安い。威力は十分とはいえず、獲物が怪我を負ったまま逃げてしまうこともある。だが、白人は獲物は無尽蔵だと考えている。インディアンがそのやりかたをまねてなにが悪い。

チペワイアン族の猟師は、つぎにわなを見回ったときに、二十二口径の銃で七羽のハリモミライチョウをしとめた。つぎの見回りでは、五羽のライチョウと二匹のカンジキウサギをしとめた。そのつぎは五頭のカリブーの群れに向けて残りの弾薬をすべて撃った。倒れたカリブーはなかったが、二頭のメスが腹部に傷を負った。白人と接触する以前のチペワイアン族の人間は、傷ついたカリブーは何日かかってもかならず追ってしとめた。白人の学校と教会と店がチペワイアン族の文化を蝕み、祖先の掟は忘れられた。猟師はカリブーを追わなかった。

まもなく、傷ついた二頭のカリブーは体が麻痺して足が動かなくなった。一頭は木の下に横になり、もう一頭はそのそばのトウヒの倒木につまずいて倒れた。どちらも二度と立ちあがることはなかった。反芻胃では通常どおり発酵が進み、じきに腹膜に開いた穴から内容物が流れでた。死は緩慢で苦痛に満ちていた。メスは二頭とも身ごもっており、あわせて四つの生命が失われた。

風に倒れたトウヒにつまずいたカリブーは、倒れた拍子に雪とヤスコナを押しつぶした。新たに降った雪が死体を覆い、カケスやワタリガラスから隠した。

何日もたったある日、トガリネズミが乱雑に重なった氷の結晶のあいだから敏感な鼻先を突きだした。トガリネズミは凍ったカリブーの舌をおそるおそるかじり、肉の味を感じると、猛烈な勢いでむさぼり食った。まもなく氷の迷路を掘りすすんできたヤチネズミが死体にたどり着いた。ヤチネズミも舌をひと口かじり、つづけて大きく食いちぎった。タンパク質への飢えが満たされると、ほかのヤチネズミのかすかな匂いに気づいた。春が近づいていた。ヤチネズミは同じ種の仲間を求めるうずきを感じた。喧嘩をしたいのか、恋をしたいのか、それはわからなかった。ヤチネズミが実際にとる反応は、出会ったヤチネズミの行動と匂いによって決まるだろう。匂いはどこまで行ってもかすかなままだったが、ようやくヤチネズミはその元をつきとめた。よくできたヤチネズミの巣の入口のそばに、骨のかけらのついた皮の切れ端が落ちていた。皮は凍って乾いていた。ヤチネズミは巣にもぐりこんでくつろいだ。

この生と死のドラマ、食料を探して殺して食べるドラマには終わりがない。めぐりゆく季節とともに果てしなくつづく。このドラマにはすべての生きものが数場面ずつ登場する——ヤチネズミ、イタチ、カケス、カリブー、インディアン、白人——そして来る冬も来る冬も、永遠の雪はトウヒのあいだをささやくように舞いおちる。

ホームステッド

春がタイガの森に勢いよく広がった。積雪はざらめ状になり、減少し、カマニックから消え、うっそうとしたトウヒの茂みの北側の陰に残るだけになった。黄ばんだコケは鮮やかな緑になり、植物のなかで生命が脈打った。空気はぬるみ、蚊の羽音が響いた。

森では異なる脈動が響いていた——音はしだいに大きくなり、近づいてきた。轟音のあいまに、割れて弾ける音と金属が悲鳴をあげる甲高い音の不協和音が混じった。音は弱まり、また始まった。

巨大なブルドーザーが、ブレードを下げ、排気ガスを噴きながら騒々しく前進した。トウヒは震え、湿った土から根が引きちぎられた。木が鉄の怪物に押しのけられて、転がって折れる音が響いた。

生きたじゅうたんであるコケはひきはがされ、巻物状に丸められた。柔らかくみずみずしい多肉質の地衣類は、ブルドーザーの鉄のキャタピラーに踏まれてどろどろになった。身重のノウサギはなわばりを捨て、破壊から逃げた。本能によってなわばりに縛られたヤチネズミは、ばらばらに切り裂かれた。

機械は前進と後退をくりかえし、吠えつづけた。先のとがったトウヒがなぎ倒され、地平線はしだいに平らになった。痛めつけられた死骸は――トウヒ、シラカバ、カラマツ、アスペン、巨大な巻物状にされたコケや泥炭は――巨大な鉄のブレードに押しのけられ、山になって延々とつづいた。その山のところどころに、ブルドーザーの運転手の気まぐれで残されたトウヒが立っていた。ずたずたにされた仲間の死骸が積みかさなるなかに、一時的に難を逃れたトウヒがそびえるさまは、まるで強烈な侮辱に耐えているようだった。

何世紀にもわたる生態遷移によって築かれた富を強引に破壊したのは、よこしまな政治的陰謀をめぐらせる人々ではなく、悪気のない実直な人々だった。彼らは政府の助成を受けてブルドーザーを買い、運転手を雇った。残骸の山のあいだでは、助成金で買った農業機械が騒がしく働いて、もろいポドゾル（タイガに見られる土壌で、酸性で肥沃度が低い）を引き裂き、無数の溝を掘り、よその土地の作物であるカラスムギと大麦の種子を大量にまき、その上に柔らかく軽いポドゾルを戻した。

農業機械にかき混ぜられて、長い時間をかけて蓄えられたごくわずかな養分が放出された。カラスムギ、大麦、そのあとで植えられた牧草は、この突然放出された養分を吸収して青々と生長した。しろうと目には、新しいホームステッド農場は美しい風景に映った。穀物の畑は亜北極の太陽を受けて波打ち、目の覚めるような緑の牧草地ではホルスタイン種の乳牛がおだやかに草を食んでいた。

亜北極の長い冬が訪れると、ホームステッドの農民は乳牛を納屋に入れた。牛に食べさせる新鮮な草はもう手に入らなかった。牛には大量の干し草が与えられた。大量の濃厚飼料も与えられた。それははるか遠い温帯から亜北極の地に運ばれたものだった。冬が終わるまえに、農民たちは銀行から金を借りなければならなくなった。濃厚飼料だけでなく干し草まで、「外」から買うためだ。

けれどもタイガでは、土着の生きものであるムースが、霜でもろくなったヤナギやシラカバやアスペンの小枝を平然と食べていた。ムースには納屋も濃厚飼料も干し草も必要なかった。亜北極で牧草と干し草用の牧草を育てる面積と、温帯で亜北極向けに育てる濃厚飼料用作物と干し草用の牧草の面積を計算してみると、その結論に驚くはずだ。食肉の生産量でくらべた場合、亜北極ではムースのほうが牛よりも安価につくのである。この関係は牛乳の生産量についてもあてはまる。牛乳のエネルギーとして回収できるのは、牛が摂取したエネルギーのわずか五パーセントにすぎない。

保護力のある森が消え、あたりはツンドラを思わせる風景になった。風が吹きつけ、雪をまき散らした。この近くでも、残ったタイガに守られた場所では道路は冬じゅう使用できたが、守るもののないホームステッドの畑では風が吹き荒れた。吹きさらしの農道には車が埋まるほど雪が積もり、何度となく通行不能になった。ホームステッド農民の乏しい現金は、風に凍てつく家を暖める燃料油に費やされた。農民の妻は家に閉じこめられて不機嫌になった。窓に張った寒さよけの透明ビニールが風に吹かれて弾けて裂け、妻はますますいらだった。

何度か冬が過ぎた。毎年、春になると、森よりも開けた土地の雪のほうが太陽に照らされて先に解けた。毎年、雪解け水は同じ跡や溝をたどって丘を下った。柔らかな下層土はたえずしたたる雪解け水に浸食された。家のまわりには浸食による溝が生じた。溝は道沿いに伸び、納屋に達し、畑じゅうに広がった。上空から見れば、零細農家の象徴である、浸食溝による樹枝状の模様が生じかけているのがわかっただろう。

乾燥したタイガの夏が終わり、農民は残骸の山を燃やすことにした。トウヒとコケが燃える煙のせいで、夕方には風下の空気が数キロにわたってかすみ、焦げくさい匂いがたちこめた。ここの農民は比較的用心深く火を扱ったが、そうでない者もいた。開拓地の北では、火はたちまち手に負えなくなり、数平方キロにおよぶ森で荒れ狂った。男たちのなかには、わざと手に負えなくしたのだろうと笑う者もいた。だが、だれが反論できるだろう。どうせ燃えたのは役にたたない低木林なのだから、そんなに用心する必要はないだろう、それに燃えたおかげで開墾がぐっと楽になったではないか——それが彼らの言い分だった。

二、三年すると、長い時間をかけて蓄えられたポドゾルのわずかな養分は使いつくされた。しかたなく農民は金をはたいて外から肥料を買った。そのうえ、畑は農業機械が使えない状態になりつつあった。地面はでこぼこに盛りあがり、そのまわりに浅い溝が規則的な多角形を描いて広がった。ふたたび政府の助成を受けたブルドーザーが轟音をたて、巨大なブレードが畑を平らにならした。

数年間にわたって農民たちは土地を耕し、冬は雪で閉ざされた道と格闘し、夏は減りつづける収穫量と戦いつづけた。ある日、干し草用の草を刈っていると、トラクターの車輪の下で地面が割れた。トラクターはサーモカルスト（永久凍土の融解によって生じたくぼ地）の穴に落ちた。断熱性のあるコケが地表から消えたために、凍った下層土がついに解けたのである。幸い、農民に怪我はなかった。彼はなんとか穴から這いだすと、怒りに満ちた足どりで家に戻った。もはや限界だった。

幾日もたたないうちに、彼は「農場」を捨てた。ホームステッド農民は敗北を認め、町に移住した。これで定期収入が得られると妻は喜びの歌を歌った。

だが、なにが敗れたのだろうか。打ちのめされたのはホームステッドの農民だけだろうか。もはやここには保護力のある森はなかった。大地は浸食されてでこぼこになり、焼け跡に生える背の高いヤナギランが、密林のように茂って紫色の花を咲かせていた。かつて残骸の山が延々とつづいていた場所には養分が濃縮され、ヤナギランはひときわ高く茂った。やがて見捨てられた溝だらけの畑にヤナギとアスペンが芽吹いた。ムースとノウサギが戻ってきた。

無人になった農民の家は湿り、屋根が腐って落ちた。納屋の脇には農業機械が放置され、錆びるままになっていた。トラクターはサーモカルストの穴の底に落ちたままだった。かつての豊かなタイガの生態系は、今やスラムと化した。うっそうと茂ったヤナギの茂みから、ミヤマシトドの甘く悲しい歌が響いた。

にわか景気

ほの暗い先史時代、北米の大陸氷河が融解し、あとには山脈や細長い谷の広がるカナダ盾状地が残った。岩盤はむきだしで不毛だった。太陽エネルギーに何万日もさらされるうちに、露出した岩は崩れ、かけらが岩肌を覆った。かけらはしだいに細かくなり、やがて土になった。トクサが群落を作り、それにかわってようやくタイガが生長しはじめた。トウヒはまだまばらだった。トウヒのあいだにはラブラドルチャとドウォーフバーチが茂みをなし、その下には森の基層である地衣類とコケのじゅうたんが広がった。夏でも気温は上がらず、針葉樹や広葉樹の葉は枯れて落ちたあとも腐らなかった。葉は圧縮されて泥炭になった。さらに何万日も太陽エネルギーにさらされて、かつてむきだしだった岩は分厚い泥炭のマットにすっかり覆われ、その上にタイガが生い茂った。

泥炭の最上層には、ヤチネズミとトガリネズミがトンネルや通路を張りめぐらせた。ラブラドルチャやドウォーフバーチやヤナギやハンノキは、カンジキウサギに樹皮をはがれ、枝を食いちぎられた。数年おきにムースがここで冬を過ごし、柔らかな新芽をむしろうとしてシラカバやハンノキをなぎ倒した。越冬地に往復するカリブーの群れが、毎年、春と秋の二回、ひづめの音も高らかにやってきた。どのカリブーも鼻づらを地面にすり寄せて歩いた。カリブーは地衣類のかたまりを地面からひきはがし、ドウォーフバーチの幹から葉をむしり、少し進んではまた地衣類を食べた。カリブーの頭上ではアカリスがトウヒの球果をむき、余分な種子が地面に舞いおちた。いくつかの種子は、カリブーに地衣類をむしられて地面が露出した箇所に落ちた。その種子はやがて発芽して生長し、現在の成木にとってかわることだろう。うまく生長できる種子はけっして多くないが、タイガのエネルギー収支は小さいので、それほど多くの若木がなくても、森は十分再生できた。

ある夏の日、頭上にヘリコプターが飛来した。ヘリの胴体からケーブルが垂れ、その先には円筒形の輝く物体が結びつけられていた。ヘリコプターは轟音をたてて進み、向きを変え、一帯の上空を何度も往復した。数日後、またヘリがやってきた。今度は開けた小さい峰に着陸した。二人の男がヘリから出てきて、大量の箱や包みを降ろした。ヘリは騒々しく上昇して飛び去り、やがて見えなくなった。

男たちはテントを張り、キャンプの準備をした。箱を開け、ポータブル式パワードリルを組みたてた。ドリルのうなる音が森じゅうにこだました。ドリルは山の岩肌に噛みつき、食いこんだ。その振動のせいで、山沿いの谷間の池では湿地のガスが水面に上昇した。一週間後、ヘリが戻ってきた。男たちは一本ずつ専用の保護箱に入れた細長い岩芯を大量に積みこんだ。

はるか南のトロントでは、株価を伝えるティッカーが延々とテープを吐きだしていた。部屋の一方の壁は巨大な黒板に覆われ、若い男が汗だくになって数字を書きこんでいた。仲買人席でひとりの男が体をそらせ、うしろの男に耳打ちした。「ノフェラス社から目を離すな。昨日から三ポイント上がった」相手の男はうなずき、しばらくしてそっと席を立った。

翌日、ノフェラス社株はさらに五ポイント上昇した。投資家や相場師や株好きの素人がこの株を買った。その金の一部は仲買人のポケットをふくらませ、一部は他の常連投資家のあいだを巡ったが、一部はノフェラス社の銀行口座に収まった。同社はヘリコプター隊をふたたびタイガの山に派遣した。この「おいしい話」にひと口乗ろうと、ほかの企業や個人が集まった。

ヘリコプターは轟音とともに飛来し、荷物を降ろし、また飛び去った。近くの小さな湖は、「ビーバー号」や「ラッコ号」という名のさまざまな水上飛行機のフロートでかき乱された。
泥炭の谷は踏みつぶされてどろどろになった。百年がかりで生長したトウヒは切り倒され、占有地を示す柱や、薪や、丸太道の舗装に使われた。採掘キャンプはにわか景気に沸いた。削岩機は轟音をとどろかせ、ブルドーザーは千年かけて堆積した泥炭を押しのけて道端に積みあげ、地衣類を踏みつぶして粉々にした。
そして避けがたい事態が発生した――火事である。ゴミ捨て場でだれかがなにかを爆発させ、その火花が、ブルドーザーで倒されて近くに転がっていた乾いたトウヒの先端部に引火した。炎は乾いた地衣類をなめるように燃え広がった。別のトウヒに火がつき、松ヤニをたっぷり含んだ枝が吠えるように燃えあがった。立ちのぼった煙は、濃く、白く、鼻を突く匂いがした。

「おい、火事だぞ」「ああ、風向きがキャンプと逆でよかったな」「おかげであそこの表土をブルドーザーでどける手間がはぶけたぜ」

削岩機とブルドーザーの作業はつづいた。一時間ほど割いて防火帯を作れば火を食い止められただろう。だが、ブルドーザーの高価な稼働時間を犠牲にするわけにはいかなかった。炎は夏の乾燥した地衣類を焼きつくし、トウヒを燃えさかるたいまつに変えた。日暮れまでに五十ヘククールが焦土と化した。翌日には二百ヘクタールに広がった。たまたま降ったにわか雨で火勢が衰えて鎮まるまで、炎はなんの対策も講じられないまま一週間にわたって燃えつづけた。黒焦げになった土地は八千ヘクタールにおよんだ。

さらに大量の岩芯がヘリで運びだされた。鉱床の境界が明らかになった。鉱床からはずれた土地を占有していた山師は、テントと道具を残してよそに流れていった。冬が近づくにつれてキャンプの人口は減少した。にわか景気は終わった。

昼は日に日に短くなり、ヤナギの葉は枯れて茶色くなった。岩だらけの尾根では、クマコケモモの茂みがまっ赤に輝いた。北から数頭のカリブーがやってきた。移動する群れの先駆けだった。カリブーは焼けたばかりの広大な一帯に行きあたると横にそれた。これまでは年二回の移動のたびに、五千頭のカリブーがここで秋に十日ほど過ごし、春にも十日ほど過ごした。だが、焼き払われた土地ではもはやカリブーは生きられなかった。このためカリブーの延べ頭数は、一年におよそ十万減少した。

ムースもここでは冬を越せなかった。リスが姿を消し、ノウサギが姿を消し、ハタネズミとトガリネズミが姿を消した。岩山は、荒れ狂う風と吹きつける雪にさらされ、氷河が融解したときと同じように丸裸で不毛だった。カナダの総生産力は低下した。

はるか南のトロントでは、ある会議で商務省の副大臣が演説していた。副大臣は経済成長率の伸びについて輝かしい言葉を並べ、産業界のリーダーに共通する勤勉さ、先見性、果敢な挑戦心をとうとうとほめ讃えた。そして昨年一年間にそれらの特質をもっともよく体現した人物に対して、商務省から優秀賞が贈呈された。その人物とは、ノフェラス社の社長であった。

これはカリブーによってふたたび語られた
　リョコウバトの物語である。
これはグリズリーによってふたたび語られた
　ヒースヘンの物語である。
これはアラスカシロトウヒによってふたたび語られた
　ミシガンシロトウヒの物語である。
これは焼きつくされて岩盤がむきだしになった
　サスカチュワン北部の大地によってふたたび語られた
　浸食で赤土の露出したジョージアの丘の物語である。

　なぜ、
なぜわれわれは学ばないのか。

未来の展望

ハタネズミ、ノウサギ、オオヤマネコ、ムースなどの動物は、数千年にわたってタイガで巧みに生き抜いてきた。生きている共同体のたがいに依存しあう構成要素として進化してきたからである。ムースの民もこの共同体の一員として進化してきた。このため彼らはエネルギー交換の複雑な相互作用にうまく溶けこむことができた。これらの種はすべて、意識的に努力しなくても生態系の一部として生存することが可能だった。

極北の生態系は比較的わずかな乱れで容易に崩壊する。北では植物の生長が遅いため、ひとたび生態系のバランスが崩れると、回復には長い長い時間がかかる。たとえば比較的丈夫な落葉樹林とくらべて、このような生態系はもろいといってよい。このようなもろい生態系の利用や管理には（単純な開発とは対照的に）、細心の注意が求められる。多様な植物群落によって形成される植生の量や、さまざまな動物の種ごとの頭数や、繁殖率や、自然死亡率などについてかなりの情報が必要だ。生態系の生産性は、その大量の数字に基づいて算出される。それが明らかになってはじめて、それぞれの種の最適収量が計算できるのである。

このような合理的利用のための統合プログラムには、洗練された技術が必要だ。その技術は、人類を宇宙に打ちあげるよりもあきらかに難しい。各国政府は怠慢から、難しい合理的利用ではなく、開発と搾取という安易な方法を選んでいる。これらの行為は人間側を規制するだけでよいため、管理ははるかに容易だ。生態系全体から持続的な収穫を得るには欠かせない、継続的研究ときめ細かな管理は不要だ。米国政府もカナダ政府も、そのような長期研究と管理に必要な人力と資金に予算を割くようすはない。

われわれの文化は、そのご自慢の科学的成果にもかかわらず、極北の地に対する生態学に基づいた適応方法を見いだすことも実施することもできずにいる。これは驚くべき逆説だ。適応に必要な知識は部分的にはわかっているのだが、それらを統合し、誤りを正確に把握し、生態系を維持発展させるためにわれわれと子孫が果たすべき役割を明確にするには、ダーウィン級の生態学研究者の出現を待たなければならないのが現状だ。

環境にうまく適応するには、生物学の知識が重要であることは言うまでもない。さらに、哲学と心理学も無視することはできない。われわれの文化は、これらの側面で悲惨な生態学上の失敗を重ねてきた。たとえば狩猟、収穫、資源、土地所有、捕食者、所有権といった概念に求められる感情的、法律的意味は、極北と温帯ではあきらかに大きく違う。したがってこれらの概念に関わる法律と政府の枠組みは、極北では異なるものが用意されるべきなのである。

汚れなき極北の野生の消失を嘆いたり、巧みに生き抜く種への賛歌を歌うだけでは不十分だ。これはただの批判にすぎない。だが、極北の大地に関する専門知識を有する者は、建設的に批判し、われわれの文化が生態学に基づいて生存してゆくために取るべき道を指し示す義務がある。

われわれの未来を思い描き、生態学に基づいて生存してゆく道の一例を見てみよう。

温帯は、長いあいだうだるような人口過密に苦しめられ、使い古されて疲弊した。土壌は浸食が進み、前世紀に殺生物剤と破滅的な浮気をしたために、残滓《ざんし》で深刻に汚染されていた。土壌の生産性は低下し、人間の生活水準は落ちた。ただし歴史的に見れば、まだ政治家が自慢できる水準ではあった。

このため極北の地は、みずからの知恵を頼りに生き抜かなければならなくなった。幸いなことに、二十世紀末に米国とカナダで画期的な政治再編があり、それを受けて議員の顔ぶれが一変し、遅ればせながら温帯の土地利用方法が改革された。

改革は温帯ではほとんど手遅れだったが、極北には大きな影響を与えた。土地の所有、相続、責任に関する従来の概念は変化し、もはやひとりの人間が個人的利益のために土地を所有して独善的に利用したり、一企業が地中の金の薄片を得るために谷を破壊したりすることはできなくなった。一連の改革は生態系に劇的な影響を与えた。これまでは非現実的な夢想にすぎなかった合理的な利用計画が実現したのである。木材の持続生産が盛んになり、林業はタイガに必要な百五十年サイクルで営まれるようになった。持続生産が主流になると、シロトウヒとシラカバの遺伝子研究や、これらの材木用樹木の光周期生態型の研究に奨励金が出るようになった。

二十一世紀半ば、気候は新たな寒期のまっただなかにあった。北極海の海氷はふたたび厚くなり、ナンセンがフラム号の航海で計測したころと同程度になった。冬の寒さが厳しくなると、タイガに降る雪は減少し、土壌の下降漸動（水に飽和された表層土が斜面に徐々に降下する現象）がさらに激しくなった。夏の生長期は短くなった。ジャガイモと穀物は、もはやごく限られた地域でしか栽培できなかった。

気候が寒冷化したため、従来の家畜をタイガで飼育するのはますます困難になった。乳牛を暖房した場所に入れておかなければならない期間は長くなった。干し草やかいば用作物の栽培は、一段と難しく、金がかかるようになった。肉牛は数が減り、ついには姿を消した。鶏卵はかつてのように貴重品になった。

これらの退行的変化を補うように、進歩的ともいえる別の変化が見られた。前述の合理的林業は生態系に大きく深い影響を与えた。野火の防止は重要な進歩だった。ムースは、タイガの生態遷移の初期段階に依存して生きているため、野火が事実上なくなると、今度はムースの頭数が減少した。

野生のムースの自然減と、ムースの家畜化がソ連のペチョーラ＝イリーチ国立公園で先駆的に成功し、のちにカナダのニューファンドランドとラブラドルでも成功したことに刺激されて、広い地域でムースが飼育されるようになった。北米ではムースの飼育が盛んになるまでに時間がかかった。自動車とトラクターが全盛をきわめた百年のあいだに、一頭一頭を大切にする畜産手法がほぼ完全に失われたためだ。今ではこの巨獣はいたるところで飼育されていた。濃厚でぴりっとした風味のムース乳はどこの店でも手に入ったし、飼育されたムースの肉は北の人々の主要な栄養源だった。だが、ムース乳のチーズは地元ではめったに手に入らなかった。チーズのほとんどは富裕なアフリカや南米の国々に輸出され、珍味として高く売れたからである。

タイガはむかしからベリー類の豊富な土地だった。バイカル生物局とマッケンジー大学は、共同でベリー類の遺伝子改良を行い、収量が多く栽培しやすい形態の品種を作りだした。これによってベリーの栽培と機械による収穫が可能になった。商業的な缶詰工場が次々に作られ、ベリー類の缶詰とジャムが北部地方一帯に大量に出荷された。

アラスカ中部、ユーコン川流域の平地には広大なホロムイイチゴ畑が広がり、収穫期には巨大な収穫機械が重い音を響かせた。ほとんどのホロムイイチゴは、ジャム用ではなくラッカ用だった。ラッカは大昔にフィンランドで生まれたブランディに似た強い酒で、今では世界中で愛飲されており、ホロムイイチゴの栽培農家と蒸留業者は大忙しだった。

別の畑では、垂れさがった羽状の複葉を持つ植物がやぶのように低く茂り、幾うねもつづいていた。収穫期には機械がその指を土に伸ばし、よく肥えた根をひき抜いた。この植物は、かつて「インディアン・ポテト（学名 *Hedysarum*）」として知られていた作物を高度に改良した品種だった。今では主要作物として栽培されていて、肥大した根は炭水化物を豊富に含み、ジャガイモのように食べるだけでなく、粉に加工されて、有名な「インディアン・ブレッド」の材料になった。学名を*Pinus pumilis*というハイマツの実である「シーダーナッツ」も、インディアン・ポテトと並ぶ炭水化物の供給源だった。野生種は枝が大きく広がるが、厳しい遺伝子選択と放射線誘導による突然変異によって改良され、栽培用の品種が作られた。栽培品種は機械による収穫が可能なだけでなく、栄養分と油分に富んだ実の収量が、野生種とはくらべものにならないほど多かった。ハイマツは数千ヘクタールにおよぶ大農園で栽培された。この木は低く茂る習性があるため、冬は保護力のある雪にすっぽり覆われた。

北米のタイガの北西部では、家具製造が重要な産業になった。その美しい家具の多くはダイヤヤナギから作られた。灰色の樹皮に菱形の模様のあるダイヤヤナギは、かつては趣味のランプスタンドにしか使われない木だった。けれども二十一世紀初め、アサバスカ族の生物学者アルフレッド・ジョン博士が、ヤナギの遺伝子と、菱形模様の原因となるカビという二重の問題を解決した。博士の研究によって、みすぼらしい低木だったヤナギは、木目の変化に富んだ白い木材の採れる生長の速い木に変わった。加工され、磨かれた木は、最後に化学的処理を施されて固く頑丈な材木になった。ジョン博士の研究はこの分野の古典とされ、極北の人々のあこがれの賞であるオーラス・ミューリー賞を受賞した（ミューリーは初期のアラスカの野生生物調査を行い、大きな業績を残した動物学者）。

タイガの利用に関する合理的計画は一夜にして実現したわけではなかった。生態学に基づく論理が主流を占めるまでには、何度となく識会で論争があり、敗北がくりかえされた。だが、気候が厳しさを増すにつれ、強欲な開発をする者は暖かな土地へ逃げていった。このころ、極北の歴史上きわめて重要なできごとがあった——第十回国際生物学計画の実施である。この共同プロジェクトは、タイガとツンドラの生産性に重点を置いて五年間実施された。計画による勧告は広く受けいれられた。なかでもまちがいなく最大の影響を与えたのは、極北地方の議会に所属する議員全員に生態学の研修が義務づけられたことである。

その結果、多くの運用利用計画の影響を評価するには、管理地域が必要であることが議員に理解されるようになった。世界的に有名な北極地方自然保護区（旧北極地方国立野生動物保護区）のほかにも、いくつもの自然保護区が定められた。これらの保護区では、生態系全体の生産性の変動や、土着の植物に含まれる栄養分の変化や、動物の頭数の周期的変化など、さまざまな数値が継続的に測定された。これらの自然界の変化に基づいて、人間の計画が与えた変化の影響が評価された。

タイガの全域が開墾されたわけではなかった。人の姿がほとんど見られない土地は広大な範囲におよんでいた。毛皮管理区や森林管理区はそれぞれ数千平方キロメートルあり、さらに広い土地が手つかずのまま残されていた。かつて破壊された場所の多くは復元された。原始的な金の採掘跡にむきだしのまま残された砂利山は、平らにならされ、もう一度木や草が植えられた。今ではそのような場所のほとんどに材木用の樹木が生長し、他の管理地区に組みこまれている。砂鉱採鉱と浚渫《しゅんせつ》採鉱はかなり以前に法律によって禁止されており、このような風景破壊が起きることは二度とないだろう。これは重要な変化である。

人間活動の拠点は道路網によって結ばれた。だが今では、むせかえるような濃密なほこりの雲が舞いあがることも、霜で舗装が持ちあがってできた穴をよける必要もなかった。柔軟な舗装材が開発され、極北の道路を自動車で快適に移動できるようになった。すぐれた道路のおかげで、異なる地域間の生産物や原料の流通が容易になった。

より新しい集落のなかには、地上からではそれとわかりにくいところもあった。厳しさを増す気候と戦いつづけるかわりに、大きな深い湖の底にプラスチック製のドームを設置し、そのなかに町を建設したからである。水に囲まれているため、ドーム内は気温が氷点下になることはなかった。このため、単純な熱ポンプだけで簡単に快適な気温を保つことができた。火山や温泉に近い町や集落は、地中深くから引いた蒸気や湯によって暖められた。経済は家庭の暖房という重荷から解放され、その分が図書館や学校の向上に投じられた。

地熱利用の究極の段階といえるのが、クロレラをはじめとする、タンパク質に富んだ藻類の栽培用に作られた浅い人造湖だろう。これらの池の底にはパイプが敷設され、火山の蒸気で暖めた湯が流れていた。冬のあいだも藻類は投光照明の下で光合成して生長した。ずらりと並んだ照明は、火山の蒸気によって回転する発電器から電気を供給された。昼が長く、夜も白夜がつづく春、夏、秋のあいだ、暖められた池はタンパク質を豊富に含む補助食品を安定して供給しつづけ、それらは土壌の疲弊と汚染に苦しむ温帯に出荷された。

真の持続生産が実現すると、それが労働に対する報酬を考える際の最重要基準であることが認識されるようになった。こうして、あるわな道を持ち場とする毛皮猟師とその家族は生計が保障された。ホロムイイチゴの栽培農家も生計を保障された。森の木こりも、野生管理区の試験調査地域で植生のサンプルを採る技師も、ムース牧場の牧童も、クロレラ池の湯のバルブの調節係も生計を保障された。この、厳しくも美しい土地の生産性を維持するには、そこに住む者全員の努力を的確に調和させる必要があった。したがって、この土地から得られたものについては、全員が少なくとも基本的な分け前を得る権利を有していた。

極北の地の未来について、寒冷期に入った当初は悲惨な予測が言われていた。だがこのように、その予測は現実のものにはならなかった。たしかに長く困難な調整期間が必要だったが、最終的には生態学に基づく論理が主流になり、極北の大地とそこに住むすべての生きものは、自給自足で生きていけるようになったのである。

謝辞

極北の動物たちの暮らしを描いた本書は、妻エルナからのたゆみないインスピレーションと助けなしには実現できなかっただろう。わたしがかんじきをはいて森をさまよい歩いているあいだ、妻は火をくべ、パンを焼き、原稿執筆と推敲《すいこう》の際には的確な批評をし、問題点を明確にする鋭い質問をしてくれた。本書に収められた文章は、『ハーパーズ・マガジン』、カーティス社発行『ホリデイ』、アボット・ラボラトリーズ社発行『ホワッツ・ニュー』、パーネル・アンド・サンズ社発行『アニマルズ』各誌に最初に発表されたものであり、再録を承諾してくださった各社に感謝する。また、鋭い洞察力をもって巧みに編集し、つねに変わらぬ励ましを与えてくれたハーパー&ロー社のジョン・マクレー氏に深い感謝を捧げる。

本書の魅力は、ウィリアム・D・ベリー氏の繊細で正確なイラストに負うところが大きい。

本書を執筆することができたのは、わたしが一九六三年九月から一九六五年六月まで客員教授として滞在したオクラホマ大学の経済的支援および施設によるところが大きい。とりわけわたしの同大学滞在をとりはからってくださった動物学部長クラフ・E・ホプラ博士には、その尽力と友情に心から感謝する。

また、本書の最終段階を支援してくださったニューファンドランド・メモリアル大学、とりわけフレドリック・A・オルドリッチ博士に感謝する。

ウィリアム・O・プルーイット・ジュニア

ニューファンドランド州セントジョンズ
一九六六年四月一日

エピローグ——一九八八年版あとがき

一九六七年に刊行され、一九八三年に再刊されたオリジナル版で述べた考えのいくつかを、どうすれば現状に即したものにできるか考えてみたが、結論は出なかった。一九六〇年代半ば以降、極北の森の生態系の崩壊は劇的に加速している。北極圏のツンドラ地帯で起きている環境の変化には世論も大きな関心を寄せており、いくつかの団体が広く一般に知らせたり、変化を食い止めようと議会への請願活動をしたりしているが、タイガで起きているきわめて大規模な変化については、世論の関心や意識は驚くほど低い。

目に見える変化のなかで、もっとも劇的で、かつ広範囲に影響をおよぼしているのは、カナダ東部のラブラドル地方中央部における大規模浸水であることはまちがいない。これはチャーチル滝（グランド滝）の水力発電計画の一環として発生したものだ。

多数の小規模ダムと水路によって、ラブラドル地方中央部の広大なくぼ地は巨大な貯水池に変貌し、その水が現在は涸れてしまったグランド滝の地下に埋設されたタービンに送られている。ラブラドル地方の森林ツンドラとタイガの重要な部分は失われた。だが、ラブラドル地方におけるカリブーの生息域の消滅についての新しい「物語」が、半島の反対側で見られるビーバーとムースの生息域の消滅についての「物語」よりも優先度が高いといえるだろうか。半島の反対側では、ジェイムズ湾水力発電所の建設によって、タイガの重要な部分が破壊された。さらに人的な面の損失も非常に大きかった。なぜなら頭のよい白人が、またもやインディアンにジェイムズ湾「居住地」を与えて目をくらませ、金とひきかえに土地の一部を水没させることをジェイムズ湾クリー族に同意させたからである。クリー族が、自分たちの失った再生可能な資源の大きさと、ひきかえに得た金のばかばかしいほどの少なさに気づいたのはあとになってからのことだ。

これらのできごとを、サザン・インディアン湖とそれにともなう豊かな漁場の消滅や、マニトバ州北部のチャーチル川における生物の消滅よりも優先し、脚色して描くことを、はたして正当化できるだろうか。これらのできごとは、アサバスカ湿地に建設されたベネット・ダムの影響よりも、生態系を傷つけた度合いが大きいといえるだろうか。

これらの変化は壮大なものではあるが、酸性雨や野火や森林皆伐《かいばつ》などにくらべれば、おそらく長期的な影響の深刻度は低いだろう。酸性雨に関する懸念と研究は、湖と魚への影響に集中している。酸性雨が地衣類、特に樹上性の地衣類を枯らすという事実には、はるかに低い関心しか寄せられていない。シンリントナカイが生きられるかどうかは樹上性の地衣類と密接に関係しており、すでにカナダにおける生息域の大半で不安定な状況に置かれている。シンリントナカイは群れごとにばらばらに分かれて目立たないように生きている。推定頭数は調査によって大きく異なるが、これはシンリントナカイの生態をわれわれがほとんど知らないしるしである。酸性雨は、移住するツンドラトナカイの越冬地にあたる、より北の地の地衣類にも影響をおよぼしている。

火災も同様の影響を与える。近年、火災は「森のためによい」と論じるのがはやっている。栄養分を放出させ、土地を若返らせるというのがその理由だ。このような考えかたは、南の地方では妥当といえる部分があるかもしれないが、タイガにはまったくあてはまらない。火災はタイガの生態系を破壊する。マニトバ州では、非常に乾燥した火災の起きやすい時期が、不幸なことに「自由企業」という理念を信奉する勢力が州政府の政権の座についていた短い時期と重なってしまった。この政権は新しい散水用航空機の注文を取り消し、その結果、航空局は大規模な森林火災に対して無力なまま、無惨にも整備が遅れた。一九八〇年の夏に発生したウォレス湖とポーキュパイン山地の大規模な森林火災では、広範囲にわたる森林が破壊され（約七万ヘクタール）、マニトバ州のタイガの生態系全体が深刻なダメージを受けた。これらの火災がシンリントナカイに与える影響は、五年たってからようやく現われはじめる。

森林皆伐の慣行はあいかわらずカナダ全土でつづいている。皆伐には生態学的な根拠がまったくない。正当化するなんらかの理由があるとすれば、材木と繊維の加工業者が容易に利益を得られることぐらいだろう。皆伐システムは巨大な機械を中心になりたっており、猛烈な勢いで稼動させなければコストを回収できない。作業は高速かつ大規模に行われるため、選択的に伐採するのは不可能だ。皆伐の直接の影響として、シンリントナカイ、テン、テンの一種フィッシャーなどの動物の生息域が消滅する。皆伐からの回復段階に見られる植生は、ムースやオジロシカのよい生息域になる。だが、シカの脳には寄生虫がいる場合があり、その寄生虫はシカには無害だがムースやカリブーにとっては命とりだ。さらに皆伐は陰険で長期的な影響をおよぼす。皆伐によって、さまざまな樹齢の数種の樹木からなるもとの複雑な木立にかわって、同じ樹齢の単一の樹木が生育するようになる。生態系は単純化されて破壊され、しかも昆虫や病気の大発生が起きやすくなる。

政府は、自然から恵みを得た者に短期的・長期的再生や修復や保護を求めるのではなく、政府主導で道路を建設し、再森林化をすすめ、野火対策を強化する責任があるとする傾向を強めている。このシステムは財政上の弱点を内包している。乱開発によるダメージの管理と修復にかかる費用は、資源を消費した者が得た利益から出されるのではなく、公的な財源から支出される。その結果、保護サービスの質は、当初のダメージとはまったく関係のない状況に左右されることになる。

このごろでは「猟獣牧場」のような完全に退行的なことが行われている。かつてわたしは、タイガ原産の有蹄類の——ムースとカリブーの——飼育を、いわば「猟獣牧場」のようなものを提唱した。理論上可能なのはわかるが、今日のカナダとアラスカで優勢を占める経済、社会システムとまったく異なる状況下でなければ、生態学的に正当化することはできないとわたしは考える。正当化できるとすれば、動物の肉と毛皮とその他の部分を、（現在の石油、鉱物、木材のように）南の地方に輸出することなく、原住民たちの管理下に置いて、彼らの利用と交易に限定するシステムでなければならない。わたしの考えが変わったのは、スカンジナビア北部、特にフィンランドにおける生態系のはなはだしい単純化の影響を二年間にわたって経験したのがきっかけだった。この単純化は、トナカイの牧畜には欠かせない部分であるらしい。「トナカイを傷つける可能性がある」ことを理由に、トナカイにとって潜在的な捕食者、競争者、将来的に競争者となる可能性のある動物は——オオカミ、クマ、クズリ、オオヤマネコ、キツネ、ワシ、さらにはテンやワタリガラスまでも——すべて抹殺される。その結果この地域では、原住民の生計を支えていた毛皮猟ができなくなっている。スキーで何キロ走っても、大小問わず肉食動物の痕跡は見られない。それでも観光産業の広告は、スカンジナビア北部の「野生」を体験する旅をうたっている。たしかに過密と汚染に苦しむ西ドイツやイタリアからの観光客は、ノウサギやごくまれにキツネが見られるかもしれないというだけで、十分わくわくするだろう。だが、肉食動物がいて完結する生態系に詳しい生物学者にとっては、トナカイの飼育地は生物の砂漠である。カナダでもワピチやシカやムースやトナカイの「猟獣牧場」を作る近視眼的な試みがあり、嘆かわしいかぎりだ。

タイガでは経済システムの優先順位と方向をまったく逆にする必要があるのはあきらかだ。第一に優先されるべき基準は生態系の安定であり、そのつぎが地元の人間が必要とすることがらである。短期的な利益を考える必要はあまりないし、南の地方の利益を考慮する必要はまったくない。「国のエネルギー自給」という近視眼的であまりに単純な目標を達成しようとする試みは、生態系に反するものであり、阻止しなければならない。この目標の提唱者は、もっとも長く生き残れる国は、再生不能なエネルギー資源を最後まで保有する国であることを忘れている。生態学に即した文脈で見れば、南の地方に輸出するために極北の限られたエネルギー資原を大急ぎで開発する行為は、生態系の安定を乱すことにほかならない。直接的な影響も深刻だが、間接的な影響、とりわけこれまで開発されていなかった地域や動物に、地元民や南の人間が容易に近づけることの影響のほうがはるかに大きいことはまちがいない。近づきやすくなったことによる悪影響はすぐには現われないかもしれないが、現状ではそれに対処できるほど文化が十分に成熟していない。

現在のカナダの新保守政権は、国を売りわたすような内容の「自由貿易」協定を米国とのあいだで締結した。この協定が将来的にタイガに与えうる影響をまえにしては、前述のような道理は色あせて見える。この協定は、じつは貿易そのものにはあまり関係がなく、環境問題におけるカナダの主権を結果的に奪うものであり、再生が可能なものも不可能なものも含めたカナダ国内の資源の開発と採取を強制的に進めるものなのである。

最終章「未来の展望」は、いま目指すべきものとしての意味をますます深めている。

とりわけ議員に生態学教育を課すことは大切だ。それに加えて、現在では原住民向けの生態学研修も行わなければならない。極北のインディアンとイヌイットは、自然の生態と野生動物の管理に精通していると、南では広く考えられている。だが、それは誤りだ。年配の原住民のなかには生態学の基本に基づいた制限や禁忌や行動様式を覚えている者もいるだろう。だが、われわれは不幸な事実に向きあわなければならない。今日の極北の原住民は、われわれのような南の人間と同じ文化を吸収して育っている。すなわち、開発と、個人の利益の追求と、自分の楽しみのためになにも考えずに野生を利用することを賛美する文化である。地位の高いインディアンは、政府との協定の一部としていつでも自由に狩りができる権利を主張している。だが、これがしとめた動物の数と性別を競う争いとあいまって、すべての種に関する管理と保護の基礎データが欠如する結果を生んでいる。現在のカナダでは、政府と協定を結んだインディアンが狩りをする地区では、野生生物の管理は事実上まったく行われていない。この新世代のカナダの原住民による、報告も記録もない勝手気ままな野生の利用が、極北の地に棲む大型哺乳類の生存を脅かす緊急の問題であることはまちがいない。

今日、極北の動物たちが直面する非常に多くの問題は、ほとんどが生物学や野生生物管理技術やさらには科学一般の領域ではなく、政治の領域に属している。われわれはなにをすべきか、あるいはなにをすべきでないのか、技術的にはわかっている。知識を科学者から政治家に伝え、伝達された知識を行動に移し、規制を実施し、一般市民の態度を強制的に変えさせることこそが問題なのである。本書の内容を発展させて目指すべきは、人間の政治の領域であろうとわたしは考える。

ウィリアム・O・プルーイット・ジュニア

カナダ、マニトバ州ウィニペグ
一九八八年五月二〇日

訳者あとがき

本書は一九六七年にアメリカで出版された、ウィリアム・プルーイット著 *Animals of the North* の全訳です。

冒頭の「旅をする木」は、ひと粒のトウヒの種子がタイガで芽吹き、大木に生長し、長い年をかけて海にたどりつき、やがて朽ちてたきぎになるまでを描いています。氷にもまれながら川を下り、やがて海岸に打ちあげられたあともさまざまな役割を果たしつづけるトウヒの旅からは、極北の自然の大きさと、ゆるやかな時間の流れが伝わってきます。

雪のトンネルを走るハタネズミ、凍結した湖を渡るオオカミ、猛烈な力でライバルとぶつかるムース——本書は動物たち自身の感覚をとおしてタイガの世界を経験するように書かれています。まるでノウサギと一緒に雪原を走ったり、オオヤマネコになって獲物に忍び寄ったりするように感じられることでしょう。読みすすむうちに、タイガの生態系がさまざまな生命の複雑なかかわりあいによってなりたっていることが実感されます。

情景が鮮やかに浮かぶ文章は、動物学者ならではの綿密な観察と、タイガの自然に寄せる深い愛情に裏づけられています。動物の視点から描くといっても、過剰に脚色することなく、あくまでも冷静で科学的な視点が保たれています。だからこそ、書かれてから三十数年たったいまも、色あせることなく読者の心に届くのでしょう。

しばらく絶版状態がつづき、幻の名著と言われていましたが、八三年に *Wild Harmony* と改題されて再刊され、さらに八八年にはあらたにエピローグを加えて再刊されました。　極北の生態学の入門書として読みつがれてきたことがうかがわれます。

　本書が書かれた一九六〇年代は、アメリカにおける生態学（エコロジー）の転換期でした。アメリカ開拓の歴史は、見方を変えれば自然破壊の歴史でもあります。厳しい自然と戦わなければならなかった開拓者は、自然は征服すべきものであると考え、好きなように鳥や獣を捕り、森林を破壊しました。もちろんソローのように早い時期から自然を重んじる人々はおり、自然保護運動も生まれましたが、活動は一部の人々に限られていました。けれども六二年に出版されたレイチェル・カーソン氏の『沈黙の春』をきっかけに、多くの人が環境問題に関心を寄せるようになりました。そして社会の大きな変化とあいまって、大規模な環境保護運動に発展していきました。

同じころ、アラスカでも北極圏の自然と人間の生命を脅かす計画に対して草の根の反対運動が起き、プルーイット氏はその中心人物のひとりでした。気候の厳しいアラスカは開発が進まず、人口も少なく、それゆえに手つかずの自然が残っています。けれども自然に関心のない人から見れば、なにもない荒野にすぎません。そこで五〇年代末に、「水爆の父」エドワード・テラー氏を中心に、アラスカ北部の村を核実験場にする計画が進められたのです。当時、アラスカ大学のフィールド・バイオロジストだったプルーイット氏は、この計画が環境に与える影響を評価する研究者として参加しました。調査を進めるうちに、核実験場が人間を含めた北極圏の生態系に破壊的な影響を与えることに気づき、計画は中止すべきであるという報告書をまとめたのです。けれども計画推進派の圧力によって報告書は改竄《かいざん》されてしまいます。最終的には、草の根運動の広がりによって計画は撤回されたのですが、プルーイット氏は当局の圧力で大学を追われてしまいました。本書が執筆されたのはこのころのことです。この核実験場計画の経緯は、星野道夫氏の著書『ノーザンライツ』(新潮文庫)、『旅をする木』(文春文庫)に詳しく書かれています。

その後、プルーイット氏はカナダに移り、長年、マニトバ大学の動物学教授をつとめ、すぐれた研究業績を上げ、数々の賞を受賞しています。のちにアラスカで名誉回復の動きがあり、九三年には州政府から正式の謝罪を受け、アラスカ大学からは名誉博士号を授与されました。

プルーイット氏は七三年にマニトバ大学の研究施設のひとつ「タイガ生物学研究所(Taiga Biological Station)」を設立し、現在もここで研究をつづけています。この研究所はタイガの自然のなかに設けられた研究者と学生のための実習施設で、本書のプロローグに示された構想が実現されたものであるといえるでしょう。

初版の刊行から二十一年後に書かれたエピローグには、広範囲にわたって破壊が進むタイガの状態が記されています。「タイガ生物学研究所」のホームページ(http://www.wilds.mb.ca/taiga/)によると、それからさらに十四年たったいま、状況はさらに深刻化しています。その大きな原因のひとつが、地球温暖化です。温暖化の影響で、タイガの南限は北上しつつあります。また、二酸化炭素の吸収源である森林の伐採は、温暖化を加速させます。最悪の場合、タイガの九〇パーセントが失われるという予測さえあります。それでもアメリカのブッシュ政権は、地球温暖化防止の世界的な取り組みへの協力を拒む姿勢を変えるようすはありません。最終章「未来の展望」に描かれたような生態系の保護に深い理解を示す政治が実現するのは、まだ遠い先のことのようです。

環境への関心の高まりにともない、「エコロジー」という言葉はいまではすっかり一般に定着しました。けれども逆に、細部にばかり関心が向いて、ときに本来の意味が見失われているように感じることがあります。生きもの、森林、雪、太陽――そのすべてがタイガの生態系の欠かせない一員であることを描いた本書は、人間を含め、生物が環境と調和して生きてゆくというエコロジーの原点を思いださせてくれます。

長い歳月をかけて日本にたどりついたこの本は、「旅をする木」なのかもしれません。その旅の手助けができたことを訳者としてうれしく思います。そしてこの先も、この本が旅をつづけていくことを願っています。

翻訳にあたっては、新潮社出版部の松家仁之さん、北本壮さんをはじめ多くの方々のお世話になりました。この場を借りて深く感謝いたします。

二〇〇二年八月　　岩本正恵

文庫化によせて

写真家・大竹英洋

大学二年の夏、在籍していたワンダーフォーゲル部の部室で写真家・星野道夫の存在を知った。きっかけはカムチャツカでの事故を伝える新聞記事だった。どんな人物だったのだろうかとすぐに書店へ行き、手に取ったのが『旅をする木』。遠いアラスカから届く、人と自然の物語に夢中になった。

当時の僕はジャーナリストを志望していたが、沢登りでの野営生活にすっかり魅了され、伝えるならば自然のことだと考えていた。都市生活を離れて自然の奥に身を置き、人間とは何かを考えてみたい。それまで本格的なカメラに一度も触れたことがないのに写真家を目指したのは、他でもない星野道夫の作品と生き様に多大な影響を受けたからだ。もし時間を巻き戻すことができるなら、生前に一度でいいから会って話を聞いてみたかった。

卒業後は野生の息づく大きな自然に取り組もうと、撮影フィールドを海外に探した。

アラスカにも憧れたが、偶然夢に見たオオカミを追って、同じ北米でも内陸部に広がる湖水地方に通い始めた。これが自分の仕事だと胸を張って言えるような写真集を出すまでは、アラスカに足を踏み入れまいと心に決めていた。

一九九九年から始めた撮影も約十年が過ぎた頃、カナダ・マニトバ州の州都ウィニペグに倉庫を借りて、車やカヌーやキャンプ道具を保管し、旅の拠点にしていた。そのウィニペグ滞在中にふと、同じ市内にあるマニトバ大の動物学部には、星野道夫の著作で知った、あのウィリアム・プルーイットがいたはずだと思い至ったのである。

近くにいるならぜひ会ってみたい。所在を調べたが、見つかったのは、ビルが前年の十二月に亡くなり、お別れ会が近々開かれるとの知らせだった。またしても一歩遅かった。自分のアンテナの鈍さが悔しかった。せめてその会に参加したい旨を連絡すると、娘のシェリルから快い返事をもらった。そうして二〇一〇年五月二九日正午、ウィニペグの中心地に近い、アシニボイン公園へ向かった。川沿いの広大な園内には、ホッキョクグマの生態展示で知られる動物園もあり、ウィニペグ市民にとって自然を身近に感じられる憩いの場だ。

会場となるパビリオンには生前交流のあった友人、同僚、そして元学生たちが集まっていた。フォーマルを嫌ったビルの想いを汲んで服装は自由。招待状には「フィールドギアも可！」と書かれていた。テーブルにはサンドイッチなどの軽食が並び、その奥にマイクが置かれ、皆がそれぞれに思い出を語った。知人は一人もおらず少し緊張したが、僕も翻訳された『極北の動物誌』を手にマイクの前に立った。星野道夫とその遺志を継ぐ人々の手によって、ビル・プルーイットの存在が日本でも広く知られていることを伝えたかった。

元学生たちは口々にビルの指導の厳しさを、懐かしそうに語ってくれた。フィールドバイオロジストの卵として論文に取り組む彼らが送り込まれたのがタイガ生物学研究所。ウィニペグから北東に車を約二五〇キロメートル走らせたウォレス湖畔にある。原生林の中に簡素な木造小屋が並んでいるが、そこまで道路は続いていない。春から秋はカヌー、冬はスノーシューかスキーで湖を渡らなければ辿り着けないのだ。

ぬかるんだ湿地で蚊やブヨの大群に悩まされ、罠にかかったネズミの数と種類を記録し、研究対象のフンや胃の内容物を調べる。地道にデータを集める以外に自然界を理解する道はない。自然現象や気候、そして動植物のあらゆるつながりを克明に描いたエコロジーの古典である本書は、ビルがフィールドで過ごした膨大な時間と、忍耐強い観察の集積によって生まれたのである。

ビルは一貫して、この北方の自然でいかに雪が重要な役割を担っているかを語り続けた。その丸い顔とずんぐりとした体型も相まって「The Snowman（雪だるま）」というニックネームで、ウィニペグのメディアにもよく登場していたらしい。断熱効果が高い雪は、マイナス三〇度にも下がる厳しい外気温から、小動物たちを毛布のように守ってくれるのだ。

冷たい雪のひとひらに、ぬくもりを見出す。一粒のトウヒの種子に、永遠に繰り返される生命の流転を見出す。ともすると壊れやすく、微妙なバランスの上に成り立っている北国の自然。その中で、生と死を見つめ続けた者が持つ視線の温かさは、星野道夫の作品にも通じている。

アラスカの辺境を核実験場にしようというプロジェクト・チェリオットを、遠い異国の過去の出来事で済ますことはできない。日本でも、水俣病に代表される公害があり、それから五〇年以上を経て福島第一原発事故が起きた。経済発展と国策の名の下に不都合な事実が隠蔽される権力構造は何も変わっていない。そして、気候変動と生物多様性の危機に直面する現代ほど、エコロジーとは何かを知ることが強く求められている時代はない。

お別れ会の場で、ビルの古き友人が叫んだ言葉が、今も鮮明に僕の耳に残っている。

「今こそ我々にはプルーイットが必要なのだ！」

＊本書は二〇〇二年九月二〇日に新潮社から刊行された『極北の動物誌』を文庫化したものです。

〈訳者略歴〉
岩本正恵（いわもと・まさえ）
翻訳家。一九六四年東京生まれ。東京外国語大学英米語学科卒業。主な訳書にジョゼフ・ランザ『エレベーター・ミュージック』（白水社）、キャスリン・ハリソン『キス』、エリザベス・ギルバート『巡礼者たち』（ともに新潮クレスト・ブックス）がある。二〇一四年逝去。

ブックデザイン＝松澤政昭
編集＝岡山泰史

極北の動物誌

二〇二二年一月五日　初版第一刷発行
二〇二三年一月二五日　初版第二刷発行

著者　ウィリアム・プルーイット
訳者　岩本正恵
発行人　川崎深雪
発行所　株式会社　山と溪谷社
郵便番号　一〇一―〇〇五一
東京都千代田区神田神保町一丁目一〇五番地
https://www.yamakei.co.jp/
■乱丁・落丁、及び内容に関するお問合せ先
山と溪谷社自動応答サービス　電話〇三―六七四四―一九〇〇
受付時間／十一時～十六時（土日、祝日を除く）
メールもご利用ください。
【乱丁・落丁】service@yamakei.co.jp
【内容】info@yamakei.co.jp
■書店・取次様からのご注文先　山と溪谷社受注センター
電話〇四八―四五八―三四五五　ファクス〇四八―四二一―〇五一三
■書店・取次様からのご注文以外のお問合せ先　eigyo@yamakei.co.jp

本文フォーマットデザイン　岡本一宣デザイン事務所
印刷・製本　株式会社　暁印刷

定価はカバーに表示してあります

ISBN978-4-635-04928-3

ヤマケイ文庫

既刊

遠藤ケイ　男の民俗学大全
新田次郎　山の歳時記
高桑信一　山の仕事、山の暮らし
岡田喜秋　定本 山村を歩く
辻まこと　山からの絵本
岡田喜秋　旅に出る日
小林泰彦　ほんもの探し旅
関根秀樹　縄文人になる！ 縄文式生活技術教本
甲斐崎 圭　第十四世マタギ 松橋時幸一代記
高桑信一　古道巡礼 山人が越えた径
甲斐崎 圭　山人たちの賦 山暮らしに人生を賭けた男たちのドラマ
盛口 満　教えてゲッチョ先生！ 昆虫のハテナ
盛口 満　教えてゲッチョ先生！ 雑木林のフシギ
田口洋美　新編 越後三面山人記 マタギの自然観に習う

既刊

羽根田治　野外毒本 被害実例から知る日本の危険生物
羽根田治　パイヌカジ 小さな鳩間島の豊かな暮らし
平谷けいこ　四季の摘み菜12カ月
一坂太郎　坂本龍馬を歩く
椎名 誠　あやしい探検隊 アフリカ乱入
椎名 誠　あやしい探検隊 焚火酔虎伝
椎名 誠　あやしい探検隊 バリ島横恋慕
叶内拓哉　くらべてわかる野鳥 文庫版
小塚拓矢　怪魚ハンター
戸門秀雄　溪語り・山語り 山人たちの生活誌
高橋勝雄　野草の名前 春 和名の由来の見分け方
高橋勝雄　野草の名前 夏 和名の由来の見分け方
高橋勝雄　野草の名前 秋・冬 和名の由来の見分け方
安倍直哉　野鳥の名前 名前の由来と語源